学思行杂记

站在人生长河中思考

王熙元 著

人生难得活通透
方知一切皆如来

中国出版集团公司
华文出版社

图书在版编目（CIP）数据

学思行杂记：站在人生长河中思考 / 王熙元著. —北京：华文出版社，2025. 7. — ISBN 978-7-5075-6057-2

Ⅰ．B821-49

中国国家版本馆CIP数据核字第2025NH4394号

学思行杂记：站在人生长河中思考
XUESIXING ZAJI：ZHANZAI RENSHENGCHANGHE ZHONG SIKAO

著　　者：	王熙元
策划编辑：	杨艳丽
责任编辑：	陈　杰
助理编辑：	朱晓奕
出版发行：	华文出版社
	（北京市丰台区右外西路2号　100069）
电　　话：	总编室 010-59900723　发行部 010-59900727
	编辑部 010-59900799
经　　销：	新华书店
印　　刷：	三河市龙大印装有限公司
开　　本：	880×1230　1/32
印　　张：	7.375
字　　数：	180千字
版　　次：	2025年7月第1版
印　　次：	2025年7月第1次印刷
标准书号：	ISBN 978-7-5075-6057-2
定　　价：	56.00元

版权所有　侵权必究

前言

《学思行杂记：站在人生长河中思考》包括三篇内容。第一篇：新通书。它是笔者在文章《太极图说新解》的基础上（详见《心如明镜——幸福与快乐十三讲》，中国民主法制出版社，2024年版），对周敦颐所著《通书》未明旨意进行补充调整和校订而成。虽然补充调整和校订的内容涉及文字不多，但却十分重要。第二篇：学思行。主要是围绕中国传统文化提出的人一生要解决的三个问题，即人自身内部情感冲突与平衡、人与人的关系即社会关系、人与自然的关系，结合笔者工作、学习、生活实际展开，通过新视角下的相关问题的论述，记述了笔者对中国传统文化的学思践悟和对人生需要解决的一些基本问题的创造性思考。第三篇：附则。包括诗词三十四首和笔者六十载旅程回顾。

《学思行杂记：站在人生长河中思考》充分彰显笔者对中国传统文化的温情与敬意，充分反映笔者对中国传统文化所蕴含的哲学思想深邃的洞察和觉悟。其赤诚之心、奋进之情、思考之深、修身之实跃然纸上，闪烁着传统文化之光，充满着活生生的生命能量，且蕴含着寻找归属于我们自己的人生价值的思路、方向、法门和能量。人的一生，要对自己负责，要对父母负责，要对子女负责，要对社会和国家负责。而这一切，都必得先要寻找到自己，寻找到自己那颗赤诚的心，寻找到那一个愈挫愈勇的自己，才可能寻找到属于自己的人生价值。这本书拥有强烈的代入感，蕴藏着巨大的高维能量。一切的文明必有其渊源，只有从其渊源出发，文明才有着落、有方向、有力量，才能健康地进步发展。希望这本书能够帮助读者开启智慧人生之旅，特别是在你最需要的时候，能够帮助你驱散阴霾，使你的心胸豁然开朗，坚定意志，增强信心，为你指引方向，使你行稳致远。

由于笔者的能力水平有限，文中难免有疏漏偏颇甚至错误的地方，敬请读者批评指正。

王熙元
2024年6月于北京

目 录

前　言　　　　　　　　　　　　　　　　　　　　/ 001

第一篇　新通书
新通书　　　　　　　　　　　　　　　　　　　　/ 003

第二篇　学思行
"三不朽"与立身处世做学问　　　　　　　　　　　/ 013
"君子慎独"四论　　　　　　　　　　　　　　　　/ 028
"仁义"与"乡愿"　　　　　　　　　　　　　　　/ 040
"英雄"是光荣的称号　　　　　　　　　　　　　　/ 048
如何提升人生格局及拥有大格局人生的显著特征　　/ 056
信仰与奋斗　　　　　　　　　　　　　　　　　　/ 069
关于人生冲突和挑战的思考　　　　　　　　　　　/ 077
关于人生冲突和挑战的再思考　　　　　　　　　　/ 086
"聪明一世，懵懂一时"与"有志者事竟成"　　　　/ 097
狐群狗党　　　　　　　　　　　　　　　　　　　/ 108
"6·29"反劫机亲历记和意外收获　　　　　　　　/ 112

"无羞恶之心,非人也"与军人的血性　　　　　　/ 122
人与自然和谐共生愿景与人们思想上常常存在的难题　/ 130
脱贫攻坚第三方评估验收与"非常公论"　　　　　/ 139
东方智慧——中医与"身体修理学"　　　　　　　/ 146

第三篇　附　则

一、诗词三十四首　　　　　　　　　　　　　　/ 161
二、我的六十载旅程　　　　　　　　　　　　　/ 186

后　记　　　　　　　　　　　　　　　　　　　/ 228

第一篇

新通书

新通书

注：《新通书》是作者结合自己的证悟，对周敦颐《通书》未明旨意进行补充和校订而成。虽然补充和校订的内容涉及文字不多，但却十分重要。

（一）

太一者，高不可攀，深不可测，海蓝（深空蓝）色一，其上不皦，其下不昧，静谧无极；太一生水，炁能蒸蒸，有像未形，静谧无极而如如其行；水反辅太一，是以成"青""昏"（上者"青"、下者"昏"，此乃"天""地"之名），青、昏初成，其表大冲不盈、炁能蒸蒸，绵绵莽莽、渺渺茫茫，悠浮飘移、空旷悠远，洋洋乎若流溢，静谧无极而如如其成；天地复相辅也，是以成神明；神明复相辅也，是以成阴阳；阴阳复相辅也，是以成四时；四时复相辅也，是以成沧热；沧热复相辅也，是以成湿燥；湿燥复相辅也，成岁而止。此"太一"者，握诚之本、万化之源。寂然不动处，本立而道生。故曰主静立极。

天道无极，寂然不动者，诚也；感而遂通者，神也；动而未形,有无之间者,几也。诚精故明,神应故妙,几微故幽。诚、神、几,曰圣人。

诚无为,几善恶。德,爱曰仁,宜曰义,理曰礼,通曰智,守曰信。性焉安焉之谓圣,复焉执焉之谓贤,发微不可见、充周不可穷之谓神。

圣,诚而已矣。诚,五常之本,百行之源也。静无而动有,至正而明达也。五常、百行,非诚,非也,邪暗塞也。故诚则无事矣。至易而行难。果而确,无难焉。故曰:"一日克己复礼,天下归仁焉。"

◆(二)

自无极而为太极。无极之诚,太极生生,天命流行。

"大哉乾元,万物资始","乾道变化,各正性命"。纯粹至善者也。故曰:"一阴一阳之谓道,继之者善也,成之者性也。"元亨,诚之通;利贞,诚之复。大哉《易》也,性命之源乎!

动而无静,静而无动,物也。动而无动,静而无静,神也。动而无动,静而无静,非不动不静也。物则不通,神妙万物。水阴根阳,火阳根阴;五行阴阳,阴阳太极。四时运行,万物终始;混兮辟兮,其无穷兮!

厥彰厥微,匪灵匪莹。刚善刚恶,柔亦如之,中焉止矣。二气五行,化生万物。五殊二实,二本则一。是万为一,一实万分。万一各正,小大有定。

动而正曰道,用而和曰德。匪仁、匪义、匪礼、匪智、匪信,悉邪也。邪动,辱也;甚焉,害也。故君子慎动。

圣人之道，仁义中正而已矣。守之贵，行之利，廓之配天地。岂不易简，岂为难知，不守不行不廓耳。

（三）

《洪范》曰："思曰睿，睿作圣。"无思，本也；思通，用也。几动于此，诚动于彼，无思而无不通，为圣人。不思，则不能通微；不睿，则不能无不通。是则无不通生于通微，通微生于思。故思者，圣功之本，而吉凶之几也。《易》曰："君子见几而作，不俟终日。"又曰："知几，其神乎！"

或问曰："曷为天下善？"曰："师。"曰："何谓也？"曰："性者，刚柔善恶中而已矣。"不达。曰："刚善为义，为直，为断，为严毅，为干固；恶为猛，为隘，为强梁。柔善为慈，为顺，为巽；恶为懦弱，为无断，为邪佞。惟中也者，和也，中节也，天下之达道也，圣人之事也。故圣人立教，俾人自易其恶，自至其中而止矣。故先觉觉后觉，暗者求于明，而师道立矣；师道立，则善人多；善人多，则朝廷正而天下治矣。"

（四）

人之生，不幸不闻过；大不幸无耻。必有耻，则可救；闻过，则可贤。

仲由喜闻过，令名无穷焉。今人有过，不喜人规，如讳疾而忌医，宁灭其身而无悟也。噫！

圣希天，贤希圣，士希贤。伊尹、颜渊，大贤也。伊尹耻其君不为尧、舜；一夫不得其所，若挞于市。颜渊不迁怒，不贰过，三月不违仁。志伊尹之所志,学颜子之所学,过则圣,及则贤,不及则亦不失于令名。

天以阳生万物,以阴成万物。生,仁也;成,义也。故圣人在上,以仁育万物,以义正万民。天道行而万物顺,圣德修而万民化。大顺大化,不见其迹,莫知其然,之谓神。故天下之众,本在一人。道岂远乎哉!术岂多乎哉!

十室之邑,人人提耳而教,且不及,况天下之广,兆民之众哉?曰:纯其心而已矣。仁义礼智四者,动静言貌视听无违,之谓纯。心纯,则贤才辅;贤才辅,则天下治。纯心要矣!用贤急焉!

◆（五）

礼,理也;乐,和也。阴阳理而后和。君君臣臣,父父子子,兄兄弟弟,夫夫妇妇,万物各得其理然后和。故礼先而乐后。

实胜,善也;名胜,耻也。故君子进德修业,孳孳不息,务实胜也。德业有未著,则恐恐然畏人知,远耻也。小人则伪而已矣。故君子日休,小人日忧。

有善不及,曰:"不及,则学焉。"问曰:"有不善?"曰:"不善,则告之以不善,且劝曰:'庶几有改乎?'斯为君子。有善一,不善二,则学其一而劝其二。有语曰:'斯人有是之不善,非大恶也?'则曰:'孰无过,焉知其不能改。改则为君子矣。不改为恶,恶者天恶之,彼岂无畏邪?乌知其不能改。'故君子悉有众善,无弗爱且敬焉。"

（六）

古者圣王制礼法，修教化，正三纲，叙九畴，百姓大和，万物咸若，乃作乐，以宣八风之气，以平天下之情。故乐声淡而不伤，和而不淫，入其耳，感其心，莫不淡且和焉。淡则欲心平，和则躁心释。优柔平中，德之盛也；天下化中，治之至也。是谓道配天地，古之极也。后世礼法不修，政刑苛紊，纵欲败度，下民困苦。谓古乐不足听也，代变新声，妖淫愁怨，导欲增悲，不能自止，故有贼君弃父，轻生败伦，不可禁者矣。

乐者，本乎政也。政善民安，则天下之心和，故圣人作乐以宣畅其和心，达于天地，天地之气感而大和焉。天地和则万物顺，故神祇格，鸟兽驯。

乐声淡则听心平，乐辞善则歌者慕，平心、宣化不已，故风移而俗易矣。妖声艳辞之化也，助欲、长怨不已，亦然。

（七）

"圣可学乎？"曰："可。"曰："有要乎？"曰："有。"请问焉，曰："一为要，有德也，谓之'纯识之德'。纯识之德而能至纯其心，至纯其心而能明诚，无思无为无我而至诚，至诚则无欲。无欲则静虚动直。静虚则明，明则通；动直则公，公则溥。人人明通公溥，皆可成圣矣！天下大同，庶矣乎！"

（八）

公于己者公于人。未有不公于己，而能公于人也。明不至则疑生，明无疑也。谓能疑为明，何啻千里！

颜子一箪食，一瓢饮，在陋巷，人不堪其忧，而不改其乐。夫富贵，人所爱也，颜子不爱不求而乐乎贫者，独何心哉？天地间有至贵至富、可爱可求而异乎彼者，见其大而忘其小焉尔。见其大则心泰，心泰则无不足，无不足则富贵贫贱，处之一也；处之一则能化而齐，故颜子亚圣。

天地间至尊者道，至贵者德而已矣。至难得者人；人而至难得者，道德有于身而已矣。求人至难得者有于身，非师友，则不可得也已。

道义者，身有之则贵且尊。人生而蒙，长无师友则愚，是道义由师友有之，而得贵且尊。其义不亦重乎！其聚不亦乐乎！

（九）

天下，势而已矣。势，轻重也。极重不可反，识其重而亟反之可也。反之，力也；识不早，力不易也。力而不竞，天也；不识不力，人也。天乎？人也。何尤！

文，所以载道也。轮辕饰而人弗庸，徒饰也，况虚车乎！文辞，艺也；道德，实也。笃其实，而艺者书之，美则爱，爱则传焉，贤者得以学而至之，是为教。故曰："言之无文，行之不远。"然不贤者，虽父兄临之，师保勉之，不学也；强之，不从也。不知务道德而第以文辞为能者，艺焉而已。噫，弊也久矣！

不愤不启，不悱不发。举一隅不以三隅反，则不复也。子曰："予欲无言。天何言哉！四时行焉，百物生焉。"然则圣人之蕴，微颜子殆不可见。发圣人之蕴，教万世无穷者，颜子也。圣同天，不亦深乎！常人有一闻知，恐人不速知其有也，急人知而名也，薄亦甚矣！

（十）

圣人之精，画卦以示；圣人之蕴，因卦以发。卦不画，圣人之精不可得而见；微卦，圣人之蕴殆不可悉得而闻。《易》何止《五经》之源，其天地鬼神之奥乎！

君子乾乾不息于诚，然必惩忿窒欲、迁善改过而后至。乾之用其善是，损益之大莫是过。圣人之旨深哉！吉凶悔吝生乎动。噫，吉一而已，动可不慎乎？

（十一）

至诚则动，动则变，变则化。圣人"原道心以敷章，研神理而设教"，精义入神，从心所欲以造于至诚而成变化。正所谓"本之于道，稽诸于圣，宗之于经"，而天下服矣。故曰："拟之而后言，议之而后动，拟议以成其变化。"

治天下有本，身之谓也。治天下有则，家之谓也。本必端；端本，诚心而已矣。则必善；善则，和亲而已矣。家难而天下易，家亲而天下疏也。家人离，必起于妇人，故《睽》次《家人》，以"二女同居，其志不同行"也。尧所以厘降二女于妫汭，舜可禅乎？吾兹试矣。是治天下观于家，治家观于身而已矣。身端，心诚之谓也。诚心，复其不善之动而已矣。不善之动，妄也；妄复则无妄矣，无妄则诚矣，故《无妄》次《复》，而曰"先王以茂对时育万物"。深哉！

◆ （十二）
　　君子以道充为贵，身安为富，故常泰，无不足，而铢视轩冕，尘视金玉。其重无加焉尔。
　　圣人之道，入乎耳，存乎心，蕴之为德行，行之为事业。彼以文辞而已者，陋矣！

◆ （十三）
　　天以春生万物，止之以秋。物之生也，即成矣，不止则过焉，故得秋以成。圣人之法天，以政养万民，肃之以刑。民之盛也，欲动情胜，利害相攻，不止则贼灭无伦焉，故得刑以治。情伪微暧，其变千状，苟非中正明达果断者，不能治也。《讼卦》曰"利见大人"，以刚得中也。《噬嗑》曰"利用狱"，以动而明也。呜呼，天下之广，主刑者，民之司命也，任用可不慎乎？
　　圣人之道，至公而已矣。或曰："何谓也？"曰："天地，至公而已矣。"
　　《春秋》，正王道，明大法也，孔子为后世王者而修也。乱臣贼子，诛死者于前，所以惧生者于后也。宜乎万世无穷，王祀夫子，报德报功之无尽焉。
　　道德高厚，教化无穷，实与天地参而四时同，其惟孔子乎！
　　童蒙求我，我正果行，如筮焉。筮，叩神也，再三则渎矣，渎则不告也。山下出泉，静而清也；汩则乱，乱不决也。慎哉，其惟时中乎！艮其背，背非见也；静则止，止非为也。为，不止矣。其道也深乎！

第二篇

学思行

"三不朽"与立身处世做学问

众所周知,社会上有一些追名逐利的不良行为,比如,急功近利的人,有的成为笑柄,有的成为罪人,有的背一世骂名,等等。这与中国传统文化所信奉的"立德""立功""立言"意蕴相去甚远。"三不朽"与处世、做学问相结合是中国传统文化中的一个重要命题,古往今来,无数仁人志士都曾论及。对于中国传统文化,我怀着一种淳朴无所蔽的责任感,从中国传统文化的视角,对这一命题作一粗浅的论述,希望能起到温故而知新的效用。

❀ "三不朽"人文历史观

《左传》记载,春秋时鲁国大夫叔孙豹回答范宣子的问题"什么是死而不朽"时说:"太上有立德,其次有立功,其次有立言,虽久不废,此之谓不朽。"叔孙豹的这"三不朽"是说:人的生命是有限的,人生的价值是可以永世的,人生价值体现在立德、立功、立言上。一个人在道德、功名、言论的任何一个方面有所建树,传之久远,就是不朽,他们虽死犹生,其名永远立于世人之心。首先,"三不朽"说表现了中国人的一种人生观和社会价值观,即人生的意义在于对社会、对他人做出有益的事业,他所建立的德、功、言则可以永垂不朽。也就是说,一个人不应一味地为其自身而活着,而应为社会大众着想,对他人、对社会有责任感、使命感,有担当、有作为,其道德、功名、言论才具有社会价值,才能不为后人所忘却而得以"不朽"。其次,"三不朽"说完全摆脱了"天"或"天命"对人生价值的影响。这也表明,在春秋时期,中国哲学思想中的社会本位和伦理本位的特色已经形成。

"三不朽"作为中国人传统的人生信仰,被中国历史上众多的精英和有学识的人所信奉。元末明初政治家、文学家、明朝开国元勋刘基故里的"诚意伯庙"庙柱上的一副楹联"五百年名世,三不朽伟人",就是这一思想的例证。能做到死而不朽,可谓伟人。正是人生追求恒久价值这一人文历史观,从一定程度上讲,引领、塑造了中华民族几千年的文明史,也形成了中华优秀传统文化及其社会人文主体价值。中华优秀传统文化所崇尚的"三不朽"人生目标,对于激励当代人奋发有为具有重要的借鉴意义和作用。

◆ 立身处世需"极高明而道中庸"

处世就是处理事务。一个人的处世能力,是追求人生"三不朽"的前提和基础。中国当代著名哲学家、教育家冯友兰自题座右铭:"阐旧邦以辅新命,极高明而道中庸。"他把"极高明而道中庸"作为终生所追求的处世原则。"阐旧邦以辅新命"句，语出《诗经·大雅·文王》："周虽旧邦，其命维新。"冯友兰老先生曾写道："我把这两句诗简化为'旧邦新命'。这四个字，中国历史发展的现阶段足以当之。""旧邦"，指中国源远流长的文化传统；"新命"，指现代化和建设社会主义。"阐旧邦以辅新命"是作者的平生志向。《中庸》讲"极高明而道中庸"。"高明"，谓性格高亢明爽；"中庸"，不偏叫中，不变叫庸。儒家以"中庸"为最高的道德标准。所谓"极高明"，就是要追求哲学上的最高原则"仁"，追求哲学上的最高要求，就必须有"仁"的品德。所谓"道中庸"，就是要按照一定的规则把这种仁爱之心实现于日常生活之中。"极高明而道中庸"体现的是超越境界与现实态度的统一。"极高明"的境界并不是非要在多高的地位上获得，在平凡的日常生活中便可达到。"极高明而道中庸"境界高明，却立足于现实。晚清名臣左宗棠在无锡梅园题字："发上等愿，结中等缘，享下等福；择高处立，寻平处住，向宽处行。"这实际上就是"极高明而道中庸"的人生哲学。

日常生活中，怎样才能做到"极高明而道中庸"？具体来说，可从以下四个方面把握：一是中国传统文化中所讲的最高的理想"内圣外王之道"和"修身、齐家、治国、平天下"，把它应用于实际生活之中，就是《中庸》所讲的"极高明而道中庸"。二是《中庸》中讲"执中致和"："喜、怒、哀、乐之未发，谓之中；发而皆中节，谓之和。中也者，天下之大本也；和也者，天下之达道也。致中和，天地位焉，万物育焉。"在中国传统文化中，"中"是一种自在未发的不偏状态，是成物的本源，"和"是一种因时而发的合宜状态,"中和"是最高境界。三是《尚书·大禹谟》讲:"人心惟危,道心惟微,惟精惟一,允执厥中。"人心是危险的,道心是很难体察的。只有精心体察并专心守住,才能确保一条不偏不倚的正确路线。四是曾国藩讲的:"物来顺应,未来不迎,当时不杂,既过不恋。"对待不同的事物,要顺其自然,按照事物的本质和发展方向办,不要怨天尤人、好高骛远,从现在做起,想方设法把当下的工作做到极致,真正做到敬事、克勤小物、躬行,且能事事俱不忽略,一旦事情过去了,就不要再去多想。学深悟透以上这些原则、方法和要求,并在社会生活实践中身体力行,即可较好地适应社会,协调好各方复杂的人际关系,最终成为圣贤之人。

◆ 读书做学问需要科学的方式方法

中国古代文人士大夫都有一种强烈的愿望和追求,那就是青史留名,成为"三不朽"圣贤。大多数古代文人士大夫,都把"立言"放在第一位,因为"立德"有赖于一定的环境,有赖于社会的评判,"立功"需要一定的外部条件和机遇,"德"和"功"只有凭借了"言"才能不朽。相比较而言,"立言"却不太需要凭借更多的外部条件即可实现。

那么到底怎样读书做学问,才能最终实现"立言"的人生目标呢?

懂得发明本心。本心之性千古不变,只有你的心本身明了了,由明心而扩展到博览群书,你的修身、做学问才能像有源之水,生生不息。正如宋陆九龄《鹅湖示同志》诗:"孩提知爱长知钦,古圣相传只此心。"人心悟性自足,修身、做学问首要的是靠理性的直觉发明本心。发明本心就是要尊德性,而这也是古代圣贤所传递的,所以借助圣贤书会更好更快地发明本心,有的人还必须借助圣贤书才能真正发明本心,简而言之,"学而能立,方称为学之道"。就是要以"反求诸己",通过尊德性或"以旧见为宗""以旧见为见",通过旧见引发来发明本心。要知道"此心此理昭然宇宙之间,诚能得其端绪"的道理。如果不能发明本心,修身、做学问就没有根基,就像水无"本源"。五六月间的雨水,一时也能注满沟渠,但是它很快就会干涸。这个"本源",说到底就是要以诚"得其端绪",通过反求诸己或旧有之见,寻得个宗旨或叫己见,这样做学问才有着落。这里说的是修身、做学问之法。再比如中医,讲阴阳之道,先树立虚实、寒热、正邪等大宗,成为己见,然后博览践履,方有归宗。

读书做学问的具体方式方法及注意事项,归纳起来主要包括以下七个方面。

一是读书做学问需要铢积寸累。毛泽东、曾国藩都称赞朱熹做学问,毛泽东曾说:"朱子学问,铢积寸累而得之,苟为不蓄,则终身不得矣。"所以铢积寸累也要讲求方式和方法。

首先,铢积寸累需要坚持和循序渐进。就是要根据自己的实际情况,进行合情合理的选择,特别是根据知识层次和理解程度确定好自己读书做学问的"序",由浅入深,由易入难。这个"序"必须有,且不可以颠倒。在此原则基础上,要根据自己的实际情况和能力去安排一些读书做学问的具体计划,并要坚持下去,执行好它。

其次，铢积寸累要熟读精思。熟能生巧，读书应多读几遍，需要背诵的要下功夫，而且要仔细思考并体会它蕴含的意思。这里更重要的是要学会独立思考。独立思考，就是用自己的思路、自己的切入点、自己的视角，结合自己的知识结构和社会实践反复"体当"，进行思考加工，从而形成新的学问，形成自家的体会认知，此所谓用心、上心、明心，心体明即道明，从而达到用之则能够发之于自家心上，这才是真正的"才能"。可以说在独立思考处下功夫是做学问的关键，否则读过的文章即使字字珠玑，也会如耳旁风，入不了心；虽然读过很多的书，懂得很多道理，也都与自己不相干，最终不可能达到铢积寸累的效果，到头来面临事情或问题时不能应对处理。换句话说，如果只知道在人人都懂的地方用功，而不知道在应该独立思考的地方用功，那看似在用功，实则会劳而无功，最终别人的知识会全部还给别人，书本上的知识会全部还给书本。也就是说，做学问需要在独立思考中体察、探究、实践、落实，实实在在用功。当然，这期间分很多阶段，也包含很多积累。简而言之，熟读乃至背诵后还必须在闲暇时反复琢磨，用心细细思索，通过熟读精思，形成自己的体会认知，形成一个根基，然后不断从根基上下功夫，慢慢循序渐进，渐积而前，先求充实，然后通达。这里要特别指出的是，熟读精思，要懂得"深思而慎取"。《随园诗话》中讲："盖破其卷，取其神，非囫囵用其糟粕也……读书如吃饭，善吃者长精神，不善吃者生痰瘤。"爱因斯坦在谈到读书时有段名言："在阅读的书本中找出可以把自己引到深处的东西，把其他一切统统抛掉，也就是抛掉使头脑负担过重并将自己诱离要点的一切。"

再次,铢积寸累需要会读书。立身以立学为先,立学以读书为本。单就读书而言,面对一本书,从哪里读起,怎么读,也是一个大问题。读书讲本心要明。《孟子》讲:"先立乎其大者,则其小者弗能夺也。"孔子读书,很看重从大处着眼。他说:"《诗》三百,一言以蔽之,曰:思无邪。"这表明读书从大处着眼是首要的。毛泽东读书很认真、仔细,读书求深,不动笔墨不读书。认真、仔细、求深,特别是"不动笔墨不读书",也是重要方法。苏轼讲,书像海洋一样广阔无垠,内容很丰富,而人的精力是有限的,不可能一下子全部吸收,每次读书的时候,只应该集中注意一个问题,围绕一个问题一遍又一遍地读。具体来说,就是每次读书,都只去了解一个领域。比如,第一遍只看政治,第二遍只看人物,第三遍只看官职。每次都带着问题去读书。这就是苏轼提出的"八面受敌"读书方法,很值得大家学习借鉴。

我有一位爱学习的朋友,他年复一年,日复一日,天天都在学习,看书、听课(包括网上听课)、报学习班、参加论坛,日不暇给。因为他无暇顾及自己的家庭生活,以致他的家庭常因此而闹矛盾,还需要我出面调解、做工作。我曾经非常佩服他"咬定青山不放松,立根原在破岩中。千磨万击还坚劲,任尔东西南北风"的学习毅力,但客观地讲,他的付出与他的学问远远不相匹配,究其原因,最重要的是没有用好铢积寸累之法。一方面,他没有明确"序",没有科学的学习计划。具体表现为读书做学问用心"不专",今天想学这科,明天又想学那科,今天想干这个,明天又想干那个,目标变动不居,致使做学问、做事情不能精进。

另一方面，没有熟读精思、注重积累。就是不懂得"铢积寸累而得之，苟为不蓄，则终身不得矣"的道理，更没有找到适合自己"铢积寸累"和"蓄"积学问的方法。好像只注重"学"，而没有注重"积"；没有注重"积"，就谈不上"蓄"了，没有"蓄"，那只能是"终身不得矣"。王阳明《传习录》中讲："身之主为心，心之灵明是知，知之发动是意，意之所著为物。"是说身体的主宰是心，心的灵明是认识，认识的起因是意念，意念的载体是事物。所谓学问，就是"只存得此心常见在"。一个人言语无序，就足以证明其心之不存。

二是读书做学问需要心态谦虚。读书做学问要仔细思考，深刻体会书中的意思，不能先入为主，要反复琢磨，细细体会，日久见真知。现在很多的年轻人，包括学士、硕士、博士，拥有丰富的知识，也非常谦虚。但也有不少例外，他们不懂得山外有山、天外有天、学无止境的道理。《警世通言》第三卷《王安石三难苏学士》讲，苏东坡自恃聪明，他读王安石《咏菊》诗，有"西风昨夜过园林，吹落黄花满地金"，他认为黄花（菊花）开于深秋，大有错误，续诗以"秋花不比春花落，说与诗人仔细吟"。王安石由此贬其为黄州团练副使。黄州这地方菊花落瓣正是在深秋，这时苏东坡目睹方才信服。所以，做学问要切记"为人第一谦虚好，学问茫茫无尽期"。骄傲是人生进步的大敌。

三是读书做学问需要培养兴趣。"知之者不如好之者，好之者不如乐之者"，知道学习不如爱好学习，爱好学习不如以学习为乐。所以说培养做学问的兴趣至关重要。但是形成做学问的兴趣很难，因为：少小时，贪玩，不知学问为何物；上学后，课程负担很重，学生被束缚得紧之又紧；参加工作后，工作的压力大、节奏快，把人累得喘不过气来；结婚后，上有老、下有小，生活的艰辛伴随着事业的发展追求，使人疲惫不堪。所以，在人的一生中，想真正形成做学问的兴趣，其实是很不容易的，对大多数人来说几乎不可能。干任何一件事，没有兴趣是不可能出彩的。怎样培养做学问的兴趣呢？《晋书·顾恺之传》说："恺之每食甘蔗，恒自尾至本，人或怪之。云：'渐入佳境。'"毛泽东对此评论道："（兴趣）应当培养。慢慢读一点，引起兴趣，如倒啖蔗，渐入佳境，就好了。"这说明，做学问的兴趣的确是可以培养的，首先需要"慢慢读一点，引起兴趣"，再从"引起兴趣"逐步到"渐入佳境"，越学越尝到甜头，最后产生浓厚兴趣，达到手不释卷的状态。王阳明讲："日间工夫，觉纷扰则静坐。觉懒看书则且看书。是亦因病而药。"他说，如果白天做功夫觉得烦躁不安，那就学习静坐。如果觉得懒于看书，那就去看书。这也是对症下药。如果有此意识和意志力，那读书做学问的兴趣就一定能够培养起来。

四是读书做学问需要珍惜光阴。读书做学问要发愤，抓紧时间，要有紧迫感和勇往直前的精神，不能拖拉，下苦功夫。毛泽东曾讲："学问之成否以二十五岁为断。""使为学而不重现在，则人寿几何，日月迈矣，果谁之愆乎？盖大禹惜阴之说也。"陶侃说："大禹圣者，乃惜寸阴，至于众人，当惜分阴，岂可逸游荒醉，生无益于时，死无闻于后，是自弃也。"大禹是圣人，还十分珍惜时间，普通人更应该珍惜分分秒秒，不能好逸、游乐、纵酒，活着的时候对人没有益处，死了也不被后人记起，这是自己毁灭自己。宋玉在《九辩》中讲:"岁忽忽而遒尽兮,老冉冉而愈弛。"岁月迟暮,心志衰竭,只得"春秋逴逴而日高兮,然惆怅而自悲"。孔融给曹操的书信中讲:"岁月不居,时节如流,五十之年,忽焉已至。"芸芸众生,很多人都是在不知不觉中老去的。曹丕《典论·论文》中讲:"古人贱尺璧而重寸阴,惧乎时之过已。""日月逝于上,体貌衰于下,忽然与万物迁化,斯志士之大痛也!"古人看轻一尺的碧玉却看重一寸的光阴,惧怕时间流逝。太阳和月亮在天上不停地流转移动,人的身体状貌在地下日日不停地衰老,忽然间就与万物一样老死,这是有志之士痛心疾首的事。《魏略·儒宗传·董遇》讲:"(读书)当以三余。""冬者岁之余,夜者日之余,阴雨者时之余也。"读书应用"三余"的时间。冬天是一年的多余时间,夜里是一天中的多余时间,下雨的日子是时令中多余出来的时间。欧阳修有著名的"三上"读书法,即枕上、厕上和马上。此所谓三余三上正读书。朱熹到南康郡(今江西星子县)走马上任,当地属官们轿前迎接,他下轿就问《南康志》带来没有,搞得大家措手不及,面面相觑。这就是"下轿伊始问志书"的传说,至今广为流传。这表明朱熹对读书极端重视,读书对他而言,紧迫程度如救火、如救命,一刻也不能耽搁。可有几人能及早觉悟呢?

　　五是读书做学问需要持之以恒。读书做学问,要排除杂念,专心致志,心静则诚,心诚则灵;要如同做其他大事业一样,要有恭敬、安静之心,终身不辍,要居敬持志,持之以恒。人到最后,拼的不是运气和智商,而是毅力。要忍受煎熬,要耐得住寂寞,坚持,坚持,再坚持,"以无我无人无众生无寿者相,不畏生死的精神",直到最后成功的那一刻。然而,能做到这一点太难了。我曾经有一位年轻同事,他是国家"双一流"大学硕士毕业生,刚一入职,他就想报考他自己专业方面的证书,他说他已经买了学习资料,计划利用一年时间,拿下这个证书。我听到他的这一想法时,觉得他很有上进心,明确表示支持他的想法。他每天都在工作之余加班看书学习。可是不到两个月时间,他就开始不断地强调工作太忙,根本没时间看书,有的时候我发现他长时间坐在办公室里玩手机。后来,他竟然爱上了打游戏。慢慢地,考取证书的事他再也不提了。等又到下一年报考证书的时间了,他又提出要考一个什么证书,又准备了一堆书籍材料,又像上面这样:刚开始很激动兴奋,干劲十足,过一段时间松劲、冷淡,紧接着强调客观因素,到最后停下来了。就这样反反复复,一年又一年,几年过去了,毫无收获。只落得"少壮不努力,老大徒伤悲"。究其原因,主要是做学问用心"不一",没有恒心,应了那句老话"无志之人常立志,有志之人立长志"。我曾经有两位年轻的女同事,一位是中国人民大学法学院的硕士研究生,另一位是中央财经大学的本科生,她们利用繁忙的工作之余读书,不达目的决不罢休,经过几年的努力,她们一个经过考试和面试,成了最高人民法院的法官,另一个考取了高级会计师和注册会计师资格证;还有两位年轻的男同事,一位是法学硕士,另一位是法律硕士,都是法学会的事业编制干部,他们经过不懈努力,考取了国家公务员。

六是读书做学问需要厚积薄发。《庄子·逍遥游》中说:"且夫水之积也不厚,则其负大舟也无力。覆杯水于坳堂之上,则芥为之舟。置杯焉则胶，水浅而舟大也。"孟子曰："流水之为物也，不盈科不行；君子之志于道也，不成章不达。"明代理学家王阳明先生在《传习录·陆澄录》中讲："立志用功，如种树然。方其根芽，犹未有干；及其有干，尚未有枝。枝而后叶，叶而后花、实。初种根时，只管栽培灌溉，勿作枝想，勿作叶想，勿作花想，勿作实想。悬想何益？但不忘栽培之功，怕没有枝叶花实？"王阳明先生用种树栽培灌溉作比喻，正如孟子以流水作比喻一样，阐述了学者进德、修业、做学问，必须渐积而前，先求充实，然后才能通达。西方有一句俗语：能用筷子夹住苍蝇的人，做什么事都能成。有一次，2022年北京冬奥会自由式滑雪空中技巧女子项目金牌、混合团体银牌获得者徐梦桃参加一个座谈会。在分享成功经验时，她讲：多年来，她都坚持每天必做的事先做完，然后再去做自己想做的、喜欢做的事。

徐梦桃曾讲："中国有句俗语，叫作再一再二不再三，我徐梦桃是再一再二再三再四。""（取得北京冬奥会个人冠军那一跳）出发前的那一刻，我的印象特别深，广播员一直在喊：'徐梦桃，中国队！'声音特别大。在走表的时候，一吹哨，场上没有声音了，鸦雀无声。这个反差是很大的。当时真的压力很大。因为北京冬奥会这个在家门口参加比赛的机会是唯一的，自己又32岁了，下次冬奥会我就36岁了，还能不能站上冬奥会赛场上？这就是箭在弦上不得不发。当时，我就用'狭路相逢勇者胜'来鼓励自己。那天零下30摄氏度，特别冷，当时的感受是，赛场上的人披两件大衣都冻得不得了！我站在赛场上那一刻，发现我的教练比我还紧张。他比我先喊了一声：'哈！'——伴随着我每次出发前所做的一个握拳、下蹲的动作。虽然我心里紧张，可就在那一刻我心里没有任何的波动，而是非常沉浸式的专注。那一天我印象特别清楚，当我看向台子的时候，就有一种感觉，就是非常自信，就感觉去年夏天所有练的那些技术，那些调整、发挥、用力方式，所有的一切非常自动化地就过来了。真的，那一刻我的紧张度远远低于我的练习所储备的能力，在调整速度的过程中我非常淡定，用力蹬出去的那一刻也非常流畅。我印象非常深刻，在我蹬出去的那一刻，我的教练给我喊加油：'加油——！油——！油——！'声音特别大，好像在推着我。他太紧张了，知道不？""我人生27年所有的比赛，每一站都是巅峰对决，在我这里没有一站是简单的，从我15岁第一次参加成年组的一个世锦赛开始，一直到31岁，连续16年拿空中技巧比赛冠军，我的态度和心态就是：大赛也是小赛，小赛也是大赛。在任何情况下、任何比赛的时候，我的态度就是没有小赛，每一场比赛我都会非常认真。每一站，无论大赛小赛，我都会认真地做笔记。哪怕是与十几岁的小孩比，即使是3个对手、10个小孩，我也会非常重视，从来没有看轻过他们，我都会认真做记录、做笔记。冬奥会结束，当我看我日记的时候，我都掉眼泪了，我真的是为自己的认真感到值得！所以，当时我比赛完就想哭：天不负我！……（北京冬奥会）那一刻的压力我能够顶住，还是归功于这4年，平昌冬奥会后，我们点点滴滴的积累，使我一下子什么都不怕了。你想一下子、喊一声'哈！'就什么都能干？绝对不是！"（作者根据现场录音整理）

据公开报道，徐梦桃在运动员生涯中，经历过2次大手术、半月板（膝盖软骨）被切除2次，遭遇数次伤病，每一次她担心的都是自己不能继续训练，而不是手术带来的痛苦；感冒发烧是"家常便饭"，腿上打着钢钉也要比赛，她经历了常人难以经历的苦难，所以"坚持"不是说说而已；每次队友看她的时候，她脸上总是洋溢着"桃氏笑容"，甜甜的，很鼓舞人心；在秋季−4℃～−3℃的水里一遍一遍地练习，每天各种肌肉训练，从6层楼的高度滑落，起飞，旋转，毫无畏惧，目的就是为了一个冬奥梦。赛场上几秒钟的"飞翔"，却需要用4～5年的时间来打磨。厚积薄发，这是活生生的例子。做任何事都不能急于求成。做学问更是如此，多多积蓄，慢慢放出，水到自然成。

七是读书做学问需要知行合一。实践第一性、实践得真知。纸上得来终觉浅，绝知此事要躬行。读书做学问不能一味在书本上下功夫，需要联系自己实际来探寻和深究，理论联系实际。李时珍编《本草纲目》，翻山越岭、穷搜博采，阅书800余种，用了近30年才完成。李时珍说，茶可以益思、明目、少卧、轻身，这是实践得来的知识。有的时候，没有经历就没有体会，没有体会就没有坚持。早在五四运动前夕，毛泽东在湖南组织新民学会期间就游学，到"社会大学"读书，求书本以外的知识；同时做社会调查，了解农村各种情况；还访友，发现有志青年。毛泽东曾说过："看庙看文化，看戏看民情。不懂文化，不解民情，革命是搞不好的。"明朝人徐霞客，靠两条腿走路，通过实地考察，发现了金沙江是长江的源头，推翻了经书上讲的"岷山导江"（《尚书·禹贡》）的错误结论。他能够推翻从书本到书本陈陈相因的旧说，找到长江的真实源头，再次证实了实践的伟大。这便是实践出真知。人们常讲，秀才死读书，读死书，读书死，这不行。还要学会读无字书，听无弦音。汉朝刘向《说苑·政理》讲"耳闻之不如目见之，目见之不如足践之，足践之不如手辨之"，道理极为深刻。殷商时期卓越的政治家、军事家傅说，辅佐殷商高宗武丁安邦治国，造就了历史上有名的"武丁中兴"的辉煌盛世，留有"知之非艰，行之惟艰"的名句，被尊称为"圣人"。他告诫大家，懂得道理并不难，实际做起来就难了。因此，需要自觉运用"实践—认识，再实践—再认识"这一马克思主义的认识论、实践论，在此指导下做学问，既可以获得真知，也可以检验、深化所学知识和理论。

以上七个方面，主要是从读书做学问的方式方法和注意事项上讲的，它们是有机联系、相辅相成的。任何一方面做得好，其他六个方面也不会差到哪里去。古往今来，讲读书做学问的方式方法和注意事项有很多。比如，《中庸》中就讲："博学之，审问之，慎思之，明辨之，笃行之。"再比如，明代理学家王阳明试遍世间种种学问，苦修悟道，终成心学体系，他提出心理合一、知行并进的方法；唐代高僧、禅宗真正的创始人慧能，主张舍离文字义解，而直澈心源，以通常人心态悟所谓上等人的智慧；明代学者冯梦龙，注重实用，强调真挚的情感，反对虚伪的礼教，主张"情教"，反对宗教，重视文学教化。如此等等，不一而足。读书做学问的关键是找到适合自己的方法，了解读书做学问需要注意的事项，切实把握好读书做学问的相关问题，避免半途而废、功亏一篑。

"君子慎独"四论

中国传统文化的一个重要的命题是"君子慎独"。《挺经》中讲:"独知之地,慎之又慎。此圣经之要领,而后贤所切究者也。"在人们单独行事的时候,一定要慎之又慎。这是圣人遵奉的准则要点,也是后世贤人所要切实研究的问题。本文主要从"君子慎独"所蕴含的深刻意蕴出发,从修身心、做学问、做工作、干事业等四个方面做一些分析论述,以期达到深化理解和身体力行的目的。

◆ 论修身心:"君子慎独"要立诚正心、反身以诚

"君子慎独"最早出自《中庸》:"是故君子戒慎乎其所不睹,恐惧乎其所不闻。莫见乎隐,莫显乎微,故君子慎其独也。""君子慎独"要求一个人在独处的时候,即使在无人看见的地方也要警惕谨慎,在无人听到的时候仍要格外戒惧,因为不正当的情欲容易在隐晦之处表现出来,不好的意念在细微之时容易显露出来,君子更应严格要求自己,戒慎自守,防微杜渐,把不正当的欲望、

意念在萌芽状态克制住，自觉遵从道德准则为人行事。一个人独自活动时，做坏事有可能不会被发现，但仍然选择坚守自己的道德理念，不去做任何违背道德准则的行为，也不做任何坏事，这既是教化，也是一种期许；既是一种道德修养的途径，也是经过长期修养所达到的一种境界。

《大学》中也讲："所谓诚其意者，毋自欺也。如恶恶臭，好好色，此之谓自谦，故君子必慎其独也。小人闲居为不善，无所不至；见君子而后厌然，掩其不善，而著其善。人之视己，如见其肺肝然则何益矣。此谓诚于中，形于外，故君子必慎其独也。"要使自己的意念真诚，不要自己欺骗自己。对于坏的东西要像厌恶腐臭那样，将其除掉；对于好的事物要像喜爱美丽的颜色那样，力求得到。这样才能让自己心安理得。品德低下的人在私下里无恶不作，一见到品德高尚的人便躲躲闪闪，掩盖自己所做的坏事，自吹自擂。殊不知，真实的内心一定会表现到外表上，掩盖无用。所以，人哪怕是在一个人独处的时候，也一定要谨慎。

仔细分析起来，"诚其意"，是"君子慎独"的根本要求。《中庸》主要讲"诚身"，"诚身"的极限就是"至诚"；《大学》主要讲"诚意"，"诚意"的极限就是"至善"。至诚、至善，功夫都是一样的。这正是"君子慎独"的深义要义所在。曾国藩在《挺经》中讲，"独"是君子和小人都能够感受到的。独自一人时会产生非分的念头，这样的念头积聚多了就会任意妄为，由此欺人的坏事就会发生。君子在单独一人时，会生出真诚的意念，真诚的念头积聚多了就会处事谨慎，由此对自己不满意的德行下功夫进行匡正。君子和小人都是独自处事，两者的差距由此得见。因此，"君子慎独","一念之诚"是首要,而"积诚"是关键。

"诚者,天之道也;思诚者,人之道也。"(《孟子·离娄上》)"诚"是真实无妄的意思;"天"指自然,"天之道"就是自然之道,或自然的规律。自然界的一切、宇宙万物都是实实在在的、真实的,没有虚假。真实是宇宙万物存在的基础,虚假就没有一切。所以说诚是天之道。"人之道",是指做人的道理或法则。中国传统文化认为,人道与天道一致,人道本于天道。一个人,诚信很重要,但这是人一出生就具有的本能,是天给的,人人都有,但当人不断长大,诚信度就会发生变化。只有一个人真正学会依据思想去做诚信的事,那他才算是一个真正的人,这才是真正的做人之道!

《大学》讲:"欲诚其意者,先致其知,致知在格物。"显然欲"诚其意"必须从"格物致知"上下功夫。那怎样"格物致知"呢?王阳明《传习录》中讲,"格物致知"的功夫在两个方面:一是"有事时省察",就是遇到事情的时候,能够自然而然地按照天理和良知的要求去行事,换句话说,就是去实地用功,体认天理和良知;二是"无事时存善",就是在没有遇到事情的时候,通过静坐思虑,克服私欲,使自己的心如水如镜。格物的"格"有如孟子所谓的"大人格君心"的"格",就是指去除人心的歪、邪,保全本体的纯正。换句话说,就是通过加强内心修养去体认天理和良知,这就是"反身以诚"。《中庸》讲:"修身以道,修道以仁。"修养自己在于遵循大道,遵循大道要从仁义做起,即求仁。通过求仁,达成弗洛伊德分析的人格结构中的"我"的"超我"状态:汇聚能量,存浩然正气,养光明之气,从根上使一个人的精神纯粹。它还包含了明心见性的本体自觉。"君子慎独",就要用自我道德修养的方法对不正当的行为意念加以节制,不仅在无人监视的情况下能克制不良的思想和行动,坚持做好事,不做坏事,还要把自己的思想提纯到全无邪念,自觉自愿地做好事而不做坏事,使思想信念和行为举止纯然一体。这便是"知善知恶是良知,为善去恶是格物"(王阳明《王阳明全集·语录三·钱德洪录》)。

归纳起来,"君子慎独",于修身心就是强调要讲"天道",按照天理良知做事;要想按照天理良知做事,需要"诚其意";"诚其意",需要"格物致知";"格物致知",需要"有事时省察""无事时存善""大人格君心",从修人的内心上下功夫,做到立诚正心、反身以诚。

❖ 论做学问:"君子慎独"要独立思考、正本清源

有一次,我在网上看到一篇关于疫情防控期间学生在家上网课学习的文章。这篇文章冠以"君子慎独"这一主旨,主要讲学生居家学习的自律性问题,也指出了学习成绩有水分、不真实,以及学习方式方法不科学的问题。"君子慎独"对于读书做学问有着重大的指导意义。

首先,"君子慎独",要求读书做学问要有自律意识。否则,读书不可能读得好,做学问不可能有成。这一点不用细说。

其次,"君子慎独",要求读书做学问不能掺假,不能自欺欺人。这一点也不用细说。

再次,"君子慎独",要特别重视并学会独立思考。

"君子慎独",即独立思考,是一种自己独知时的功夫,是读书做学问的超高境界。庄子"独与天地精神往来"、惠施"倚树而吟,据槁梧而瞑",超然物外观物美,也是这种超高境界的一种。独立思考,就是用自己的思路、找到自己的切入点、从自己的视角出发,结合自己的知识结构和社会实践反复"体当",进行思考加工,从而形成新的学问,形成自家的体会认知。用心、上心、明心,心体明即是道明,从而达到用之则能够发之于自家心上的状态,这才是其真正的学问,这与囫囵吞枣、死记硬背是有本质区别的。如果达到这样的状态,知识就像有源之水,生意不穷;像树木抽芽,抽芽说明扎根了,有了根、有了芽,然后才能长出树干,长出树干然后才能生枝生叶,才能生生不息,最终长成大树。"与其为数顷无源之塘水,不若为数尺有源之井水"(《传习录》),即说明了这个道理。如果没有根基,就像水无"本源"。这个"本源"的关键是要有个宗旨,这样学问才有着落,就像结网之纲,纲举目张。这个"宗旨"就像医院里某一科室的医生必须知道这个科里的病人得的都是什么病,这是需要医生通过"独立思考"才能弄明白的;知道了科里的病人都是什么病,就能对症下药,医治好病人,成为良医。

《论语·学而》讲:"曾子曰:'吾日三省吾身:为人谋而不忠乎?与朋友交而不信乎?传不习乎?'"孔子强调做学问要在心地上下功夫,而不要在见闻上下功夫。见闻上的功夫下得越深,做学问的精力就减损越多。王阳明在《传习录》中讲:"人若不知于此独知之地用力,只在人所共知处用功,便是作伪,便是'见君子而后厌然'。此独知处便是诚的萌芽。""于此一立立定，便是端本澄源，便是诚。"就是说，人们做学问如果只知道在人人都懂的地方用功，而不知道在应该独立思考处用功，就不能形成自己的思想，在独立思考处下功夫便是诚意的萌芽。能在此立稳脚跟，就是正本清源，就是坚定诚意。

归纳起来，"君子慎独"，于做学问就是要学会独立思考，有自己的思路，有自己的切入点，有自己的视角，还要结合自己的知识结构和社会实践反复"体当"；通过体察、探究、实践、落实，实实在在下功夫，形成属于自己的学问的"本源"；有了"本源"，明确了读书做学问的宗旨目标，读书做学问就有了着落，就像有源之水、有本之木，生意无穷，通过"反身以诚"的独立思考，达到"正本清源"、学有所成的境界。

❖ 论做工作："君子慎独"要明善诚身、实事求是

"明善诚身"出自《中庸》："诚身有道，不明乎善，不诚乎身矣。"明善，是指格物穷理然后致知，即明察事理，了解什么是善；诚身，是指以至诚立身行事，使自己的行为符合天理准则。"君子慎独"要明善诚身。然而，世间有一种人，懵懵懂懂的随性而为，全不解思维省察，就像"闭眼睛捉麻雀""瞎子摸鱼"，粗枝大叶；又有一种人，茫茫荡荡悬空思索，全不肯着实躬行，讲起话来，夸夸其谈，一知半解，根据"想当然"发号施令，一错再错，就像庄子讲的"朝三暮四"变为"朝四暮三"的故事一样，不能解决实际问题；还有一种人，只想干一件大好事，其他一概

不管，即"义袭而取"，就是平时不按良知行事，偶然良心发现做一下好事。以上这几种人，都是不明善、不诚身的具体表现。孟子说，不要"义袭而取"，要"集义而生"，就是让人确保干的每件事都是好事，跟积德一样，这才是君子所为。

"明善诚身"，识仁就是明善，识得此仁以诚敬存之就是诚身。"明善诚身"，要求对每个人、每件事，都做到一点毛病没有，无过不及，没有一点过分的地方，也没有一点没到位的地方；"行一不义、杀一无罪而得天下，仁者不为也"。不管多大诱惑，结果多么正义，但是如果对人不义，那也不可干。这就需要对自己的思维方法的判断标准做出抉择。一个人的思维方法大致有两种判断标准，一种是"得"与"失"，另一种是"善"与"恶"。做工作，最易成功，可持续的重要"干法"，就是无私。抱着无私的心态去工作、去做事，全身心地投入当前自己该做的事情中去，聚精会神，精益求精。众所周知，内心不渴望的东西，它就不可能靠近自己，即所谓"心不唤物物不至"。愚直地、认真地、专业地、诚实地投身自己的工作，就是不断地在耕耘自己的心田，长此以往人就能很自然地抑制自己的欲望，提升自己的人格。这正是"君子慎独"的深层意义所在：识仁明善，知道一切事物，知香知臭、知美知丑、知是知非，认识超脱善恶的至善，打破一些知见障碍，认识自己这个生生不息的、知善知恶的心之灵明，即所谓的"喜怒哀乐之未发谓之中"的"中"，做到"明善诚身"，就能形成深沉厚重的人格。

做工作遇有人情事变，"君子慎独"更有深义。王阳明在《传习录》中讲："除了人情事变，则无事矣。喜怒哀乐，非人情乎？

自视听言动,以至富贵、贫贱、患难、死生,皆事变也。"世上除了人情事变以外就没有什么事情了。人的喜怒哀乐,难道不是人情吗?从人的看、听、说、做,到人的富贵、贫贱、患难、生死都是事变。王阳明还讲:"事变亦只在人情里,其要只在'致中和','致中和'只在'谨独'。"所有的事变都体现在人情里,关键是要在人情事变中不走极端,保持"中正平和"的心态。要努力做到中正平和,关键就在于"慎独"。显然,"慎独"既是"喜怒哀乐之未发谓之中"的"中"和"发而皆中节谓之和"的"和"的功夫,也是"致中和"的关键。《曾国藩家书》中提出"慎独则心泰"。他解释说,句中的"慎独"便是慎重独处,即便是独处,也要控制住自身的贪念,遵守伦理道德,就算是最隐蔽微小之处也不能忽略"慎独"这一原则,这样谨慎地为人处世便会无愧于心,从而使自己心胸安泰。明善诚身,大公无私,心胸安泰,遇事变也安然。

"君子慎独",要求做事情必须遵从天之实理,按照客观规律办事,这就是要实事求是。做工作做事情坚持实事求是,是"君子慎独"和"明善诚身"的应有之义。"实事"就是客观存在着的一切事物,"是"就是客观事物的内部联系,即规律性,"求"就是我们去研究。做工作要始终坚持实事求是,符合客观规律。在现实社会生活中,不实事求是的大有人在,且五花八门。总有一些人,对外一套,对内一套;表面一套,背地一套;嘴里一套,心中一套;公开一套,私下一套;对上一套,对下一套;台上一套,台下一套;做一套,说一套;等等。还有一些人,在做某件事之前,千方百计为一"利"字着想,只考虑能不能获取利益,想方设法假公济私、损公肥私、以权谋私，甚至为一"私心""私利"而行不仁不义之事。这些都是造成社会诚信缺失、风气败坏，乃至造成社会民生问题的重要原因。究其原因，都是没有能够做到"明善诚身"。

归纳起来，"君子慎独"，于工作就是要识仁明善，并诚敬存之，即诚身，始终坚持"善""恶"判断标准，去私欲，廓然大公，始终按照天之实理办事，坚持实事求是，才能形成深沉厚重的人格，遇事才能心中安泰，做工作才能不迷失方向，顺遂畅达。

◇ 论干事业："君子慎独"，就是要回心乡道、移风易俗

汉代贾谊在《治安策》中讲："夫移风易俗，使天下回心乡道，类非俗吏之所能为也，俗吏之所务，在于刀笔筐箧，而不知大体。""回心"就是去恶而从善、舍非而从是；"乡道"，就是"向道"，向着天之实理来做事；"移风易俗"，就是改变不良的风俗习惯，使社会向着敦本尚实演进。他的意思是，用"移风易俗"的方法，使天下人痛改前非按正道行事，绝不是庸俗的官吏可以做到的。庸俗的官吏只能做一些文书工作，根本就不懂治国的大体。这里贾谊提出了一个十分重要但也许还没有被世人特别关注的问题：一个人想要成就一番事业，应该具备怎样的素质？应该注意些什么？很多人"摸着石头过河"，懵懵懂懂，一生忙碌，不知所终。"君子慎独"，立诚正心、明善诚身，这样处事为人，就像水有了本源、树有了根芽，便可生生不息，就有了成就一番事业的"大本"。"为政在人，取人以身，修身以道，修道以仁"，

"达道""九经"及"诚身"等都需要下功夫，这是有识之士成为国之栋梁的必由之路。孟子讲："夫道若大路然，岂难知哉？人病不求耳。"空谈阔论的人，正由于不能在万事万物中省察人心，不能立诚正心、明善诚身，不能下"反身以诚"的功夫，以至于抛弃人间的伦理，他们是不可能治理好家庭、国家及天下的。这是差之毫厘、谬以千里的事情，必须进行详细分辨。

上面讲到，"诚身"的极限就是"至诚"；"诚意"的极限就是"至善"。至诚、至善，这正是"君子慎独"功夫的深义要义所在。所以说，培养"德性"就必须在"慎独"上下功夫。这个功夫需要返回内心寻求、在内心下功夫，如果向外寻求，就好像眼睛看不清，不去服药调理来治理眼疾，而是徒劳地到身外寻找光明，那是无济于事的。如果能够在日常生活中注重省察心中的天之实理，发现心中的良知，那么最终能行"达道"、立"大本"，这便是"君子慎独"。如果做到"君子慎独"，那么就可以推广天地万物一体，用天人合一的仁心学说来教化天下，让每个人都能克制私心，去除物欲蒙蔽，恢复原本相同的本心，这样才能真正担负起"回心乡道""移风易俗"的"君子"重任。

只有"君子慎独"，才能成就"回心乡道""移风易俗"的事业。因为"君子慎独"，立诚正心、明善诚身，有本源、有宗旨，去私欲、存天理；去小我、存大我；摒弃急功近利、心存高远；人动而愈纷，我静而自正；人束手无策，我游刃有余；这样就会难事遇之而皆易，巨事遇之而皆细，或先忤而后合，或似逆而实顺。这便是"上智无心而合，非千虑所臻也""集义而生"的道理。换句话说，只有真诚的人才能参悟事物的自然发展规律，所坚持的道自然也符合天之实理，正因为参悟了"大道"，真诚的人自然能够成就自己，虚伪的人便无法参悟出"大道"；真诚的人不以成就自己为己任，才能获得成就万物的本领，才能拥有成就万物的资格。就像中国共产党，从一开始就不是为了掌握政权而成立的，而是有特殊的使命，"为天地立心（探索精神），为生民立命（担当精神），为往圣继绝学（奉献精神），为万世开太平（使命精神）"。近代以来，中国面临着两项历史性的任务：一是争取民族独立和人民解放，二是实现国家的繁荣富强和人民的富裕幸福。习近平总书记讲，中国共产党人的初心和使命，就是为中国人民谋幸福，为中华民族谋复兴。恩格斯讲："一个知道自己的目的，也知道怎样达到这个目的的政党，一个真正想达到这个目的并且具有达到这个目的所必不可缺的顽强精神的政党——这样的政党将是不可战胜的。"

毛泽东曾评价康有为："独康似略有本源矣。然细观之，其本源究不能指其实在何处，徒为华言炫听，并无一干竖立，枝叶扶疏之妙。""愚意所谓本源者，倡学而已矣。"（《毛泽东早期文稿》）有些人只重视外在的知识和学问而忽略内在本心的道德修养，缺失最关键的"德性"修养，为得到一时的好处去欺天骗人，追逐声名利益，特别是被功利和技巧所迷惑，以致成为阶下囚。这怎么可能担负起"回心乡道""移风易俗"的使命责任呢？

归纳起来说，"君子慎独"，"戒慎""恐惧"是成就事业的前提条件，是"回心乡道""移风易俗"的真功夫。修之以诚，行之以明，乃是圣人贤达所追求的真正目标。只有真正做到"君子慎独"，识得"大本"、行得"达道"，干事业才能有着落，即便在此期间有各种各样的问题，也会像船有了舵，永远不会迷失方向；像渔网有了纲，纲举目张，一提便全明白了。这正是《中庸》讲的"致中和，天地位焉，万物育焉"。这样才能真正担负起"回心乡道""移风易俗"的使命责任。"德才兼备，以德为先"的人才观，不能只停留在表面，要入脑入心，直达心底，成为自觉。没有"本源"，丢掉了"大本"，必然流于空谈，空谈不足以成就事业，空谈误国；有了"本源"，立了"大本"，就可行"达道"，实干兴邦；笃行才有事业成功的希望。

"仁义"与"乡愿"

中国传统文化博大精深，源远流长。"仁义"是儒家的重要主张。其本义为仁爱与正义。早在《礼记·曲礼上》中便有："道德仁义，非礼不成。"战国时孟子推崇此观念；汉朝大儒董仲舒继承其说，将"仁义"作为传统道德的最高准则；宋代以后，由于理学家的阐发、推崇，"仁义"成为传统道德的别名，而且常与"道德"并称为"仁义道德"，与"礼""智""信"合称为"五常"。它是传统文化讲的做人的起码道德准则、伦理原则，用以处理作为个体存在的人与人之间的关系。"乡愿"是指那些"好好先生"，看似"老好人"，实则是"老坏蛋"。把"仁义"与"乡愿"放在一起，作为一个论题，或是笔者首创，为的是更好地传承和弘扬中华优秀传统文化。

◆ 仁义之道

1993年，在湖北荆门地区郭店出土了一批楚国的竹简，据推断，这些楚国的竹简是公元前300年以前的。楚简中有一篇文章叫《性自命出》,其中有一句话叫"道始于情"。这里说的"道"是"人道",不是"天道",是讲人与人之间关系或者说社会关系的原则。也就是说人与人之间的关系是从感情开始建立的。这是孔子仁学的基本出发点。孔子讲:"爱人"。这种"爱人"思想到底有什么根据,是从什么地方来的呢?《中庸》引用了孔子的话:"仁者,人也,亲亲为大。""仁",是人自身的一种品德;"亲亲为大",就是说爱自己的亲人是最根本的。仁爱的精神是人自身所具有的,而爱自己的亲人是最根本的。楚简中说:"亲而笃之,爱也。爱父,其攸爱人,仁也。"爱自己的亲人,这只是"爱",扩而大之爱别人才叫作"仁"。"孝之放,爱天下之民",孝的放大,不仅爱自己的亲人,更爱天下之民,爱天下的老百姓。孔子的仁学以"亲亲"为起点——爱自己的亲人,推广到仁民——仁爱老百姓,"推己及人","老吾老以及人之老,幼吾幼以及人之幼",才叫作"仁"。"仁"的准则是:"己所不欲,勿施于人""己欲立而立人,己欲达而达人""为仁由己""克己复礼为仁,一日克己复礼,天下归仁焉。为仁由己,而由人乎哉?"费孝通先生讲:"克己才能复礼,复礼是取得进入社会、成为一个社会人的必要条件。扬己与克己也许正是东西文化的差别的一个关键。"

孔子讲的是人道,即人与人的关系,而孟子进一步讲了人与天的关系。孟子说:"尽其心者,知其性也;知其性,则知天矣。"南宋理学集大成者朱熹讲"仁":"在天地则盎然生物之心,在人则温然爱人利物之心。""天心"就是说,自然界的要求本来是仁爱的,是生生不息的;"人心"也不能不仁,"人心"和"天心"是贯通的。儒家的这套仁学从哲学上看是一种道德的形而上学。

这个形而上学不是和辩证法相对的那种形而上学，而是传统的形而上学，是讲超越的。《中庸》讲："诚者，天之道也；诚之者，人之道也。""天道"作为超越的宇宙的运行规律，是真实无妄的、本来如此的。因此，"人道"（即人与人的关系）应该是真实无妄的、本来如此的，要自觉地按照"天道"的要求来做事。"仁义"形而上是顺性命之理，形而下就是"爱人"。儒家讲"爱生于性""性自命出"，所以"爱"也是天之至理。

在日常生活中，践行仁义之道其实不难。孝悌为仁之本，仁理从里面发出来，是人心生意发端处。孟子讲："仁之实，事亲是也；义之实，从兄是也；智之实，知斯二者弗去是也；礼之实，节文斯二者是也。"（《孟子·离娄上》）"仁"的实质是侍奉父母；"义"的实质是顺从兄长；"智"的实质是懂得这两者的道理而不离弃；"礼"的实质，就是调节修饰这两者。践行仁义之道，对于一个家庭来说，就是要讲究孝道，敬老、尊长、爱幼，维护家庭和睦，这是日常最基本的要求。这也是自觉践行社会主义核心价值观，自觉做到"爱国、敬业、诚信、友善"的应有之义。现在的独生子女大都出生在20世纪八九十年代，他们之中有些人的中国传统文化素养是不够的。2022年春节过后，我的一位老朋友给我讲了一个真实的故事：这一年春节前一天，也就是大年三十这天中午，他们姐妹兄弟五个小家庭在妈妈那里团聚，喜迎新年，这是他们家的惯例。他的老母亲这一年已经80多岁了，身体很好，很高兴，为大家准备了一大桌饭菜。酒过三巡后，他提议让与会的晚辈包括侄子、外甥、外甥女每人围绕着感恩这个主题，讲一讲你最感恩的人是谁。其中一位外甥女，她硕士研究生毕业，已工作,讲:"我感谢上苍!"另一位外甥女,她本科毕业,也已工作,讲:"我感谢我自己!"他的侄子,今年三十岁,已经结婚,讲:"我感谢我老婆!"我的这位老朋友讲,他们讲完话,他的老母亲(孩子们的奶奶、姥姥)很不高兴,愤然离开餐桌!他听了后也很生气,没想到他们会这样回答!他站了起来,批评教育了他们,并讲了四个感恩:一是应该感恩生育养育我们的父母;二是应该感恩中国共产党,给我们带来今天这样美好的幸福生活;三是应该感恩这个时代,给我们每个人提供了生存发展的好机会;四是应该感恩生命中每一个帮助过我们成长进步的亲朋好友,也包括对手。这几位年轻人恍然大悟!我们两个人在讨论这件事时,对这些受过高等教育的年轻人如此缺乏中国传统文化素质,感到非常不理解。

西汉时司马迁《报任安书》讲:"仆闻之,修身者智之府也,爱施者仁之端也,取予者义之符也,耻辱者勇之决也,立名者行之极也。士有此五者,然后可以托于世,列于君子之林矣。"是说一个人要善于修身、乐善好施、懂得取舍、知道羞耻、注重品行。有这五种品德,就可以立足于社会,成为合格的正人君子。现实社会中,有很多现象不是这样的。比如:奢侈浪费、损人利己、自私自利等,有的甚至为此而不择手段。全社会都应加强中华优秀传统文化的学习,从优秀传统文化中充分汲取思想道德营养,提高素养并身体力行,把中华优秀传统文化发扬光大,努力建设中华民族的共有精神家园,推动形成奋发向上、崇德向善的强大力量。

"乡愿"盗名

"乡愿",通俗地理解,就是那种言行不怎么得罪世人,谁看着好像都不错,但实际上并无益于道义的老好人,是很贬抑的一个词。"生斯世也,为斯世也,善斯可矣。阉然媚于世也者,是乡原也。"(《孟子·尽心下》)这里的"乡原"也就是"乡愿"。生在这世上,就依照这世上的流俗来做人,只要大家说我好就行了。这样遮遮掩掩地来讨好世人,就是乡愿之行。孟子讲:"非之无举也,刺之无刺也;同乎流俗,合乎污世;居之似忠信,行之似廉洁;众皆悦之,自以为是,而不可与入尧舜之道,故曰德之贼也。"是说这种人,要批评他,却举不出具体事来;要指责他,却又觉得没什么能指责的;和颓靡的习俗、污浊的社会同流合污,平时似乎忠厚老实,行为似乎很廉洁,大家都喜欢他,他也自认为不错,但是却不能同他一起学习尧舜之道,他是"戕害道德的人"。李大钊《乡愿与大盗》中讲:"中国一部历史,是乡愿与大盗结合的纪录。"清王宜山在《围炉夜话》第四章中讲:"孔子何以恶乡愿,只为他似忠似廉,无非假面孔;孔子何以弃鄙夫,只因他患得患失,尽是俗人心肠。"

欺世盗名者与"乡愿"是同类货色。唐罗隐《谗书》卷二:"物之所以有韬晦者,防乎盗也。故人亦然。夫盗亦人也,冠履焉,衣服焉。其所以异者,退逊之心、正廉之节,不常其性耳。视玉帛而取之者,则曰:牵于寒饿;视家国而取之者,则曰:救彼涂炭。牵于寒饿者,无得而言矣。救彼涂炭者,则宜以百姓心为心。而西刘则曰:'居宜如是';楚籍则曰:'可取而代'。意彼未必无退逊之心、正廉之节，盖以视其靡曼骄崇，然后生其谋耳。为英雄者犹若是，况常人乎！是以峻宇逸游，不为人所窥者，鲜也。"是说物品之所以有隐藏不露的，是为了防备盗贼。人也是一样。盗贼也是人，同样要戴帽穿靴，同样要穿衣服。他们与常人有所不同，是安分忍让的心与正直不贪的品格这些美好的本性不能长久保持不变。看见财宝就要窃取，说这是出于寒冷饥饿；看见国家就要窃取，说这是拯救百姓于困苦。出于寒冷饥饿原因的人，不用多说；拯救百姓于困苦的人，应该以百姓的心为心。汉高祖刘邦说："我的住室应该像秦始皇这样。"楚霸王项羽也说："秦始皇可以取而代之。"想来他们并不是没有安分忍让的心与正直不贪的品格，可能是因为看到了秦始皇的奢华尊贵，然后产生了取而居之与取而代之的想法。像他们这样的英雄尚且如此，何况普通的人呢？因此，拥有高大的宫室，能够放纵地游乐，却不被人们所羡慕觊觎，那是太少了。1917年，毛泽东为《伦理学原理》批注，于"暴君之所以为暴君，蔑视风俗习惯而破坏之，徒以自肆其情欲，将以专有乐利而擅握政权也"句，在天头写有"袁世凯"三字；于"苟一社会焉，为奸佞者所把持，则其间正人君子，必不为人所敬爱，而转受轻蔑凌暴之待遇"句，在天头写有"如袁政府"四字。司马光在《资治通鉴》首篇中讲周天子承认韩、赵、魏三国为诸侯，为"非三晋之坏礼，乃天子之自坏也"。下面做得不合法，上面还承认，周天子没有原则，当然非乱不可。任何国家都是一样，你上面敢胡来，下面凭什么老老实实？这叫"事有必至，理有固然"。这也是上不"仁"、下不"义"的典型。三国时，魏国人李康《命运论》讲，天地的大德是生长万物，圣人的大宝是地位。用什么来守住地位？就是仁，用什么来端正人心？就是义。古代做王的人，因为他"仁"，所以用他来治理天下，而不是让天下来奉养他；古代做官的人，因为他"义"，所以他用官位施行他的义，而不是用官位贪求利禄。

生活中，"乡愿"和欺世盗名者阉然媚于世者有以下八种：重私情而不讲是非曲直；荏弱难持而歪曲事实；表面和合而内心缠结；东家长西家短而表里不一；毫无仁义而道貌岸然；心中有鬼而言不由衷；拆台毁庙而言之凿凿；奉迎献媚而指鹿为马。凡此种种，其基本表现有以下六个方面：长吁短叹、怨天尤人；无威无信、得过且过；黑白不分、害人害己；称兄道弟、勾肩搭背；背绳墨、灭规矩、圆凿方枘；事绵绵而多私、众蹀躞而日进。这类人在工作和生活中有三种突出表现：一是没有是非观、大局观，始终把一己之私视若至上，把私欲、私情、私心、私事与工作混为一谈，寻找各种理由、各种借口，破坏规矩法度，做"圆凿方枘"之事，包括为关系人徇私情，为违法违纪者开绿灯；二是虚伪、没有诚信，得计时趾高气扬，遇事时心神不宁，立得不端、行得不正且心知肚明，只能装腔作势；三是处心积虑陷害人，对德才兼备之人不待见，甚至造谣、诬陷、诽谤、轻蔑、凌暴他人。那些公道正派、德才兼备之人，特别是那些能力强、心无旁骛、一心扑在工作上的人，根本没有时间，也从来不会去琢磨一些烂人烂事，却莫名其妙遭到他们的非议。"只要他不干坏事就行"是他们的口头禅，仿佛对方经常干坏事、经常拆别人的台。问题就出在这里，这些看似没有毛病的话，却暴露了他们内心的龌龊和嘴脸的丑恶。在处理人与人之间关系的问题上，不坚持实事求是、就事论事，而一言以蔽之，以"只要他不怎么着就行"这句看似没有毛病，实则恶意攻击甚至诽谤别人的话，来郑重其事地轻蔑凌暴人，是判断讲这种话的人道德品质的重要依据。也就是说，如果一个人常拿这种话来说事、议论，我们基本上可以断定他是一个心术不正的"伪君子"。总而言之，"乡愿"和"欺世盗名者"，看似"好好先生""老好人""君子"，实则是缺乏诚信、不仁不义、非忠非廉、无益于道义、戕害道德，戴着假面的人。

这使我想到清朝刘鹗在小说《老残游记》中所表达的：清官害人比贪官害人还可怕。小说中出现的"清官"，他"自以为我不要钱，何所不可？刚愎自用，小则杀人，大则误国"。《老残游记》中所谓的"清官"与"乡愿"和欺世盗名者的"把式"异曲同工！刘鹗评论说："赃官可恨，人人知之；清官尤可恨，人多不知。"刘鹗愿天下清官勿以不要钱便可任性妄为。同样，"乡愿"和欺世盗名者也应警醒。俗话说："良知没处，万法难度。"只有行仁义之道，崇尚仁、义、礼、智、信，抱着无私之心去工作、去做事、去为人，认真地、专业地、诚实地、全身心地投身于自己的工作，聚精会神，精益求精，才是人生大道和正道。

"英雄"是光荣的称号

2012年6月29日,由新疆和田飞往乌鲁木齐的GS7554航班于12时25分起飞,12时31分飞机上有6名暴徒暴力劫持飞机。我在新疆出差,是该航班上的乘客之一。因积极参与"6·29"反劫机行动,新疆维吾尔自治区党委、人民政府授予我"'6·29'反劫机勇士"荣誉称号,并给我记二等功。自此以后,我的亲属、朋友,包括同学、同事等,见面时总提到此事,称我为"英雄"。我只是微微一笑。"英雄"的称号是光荣的,时代呼唤英雄。

有关"英雄"的一些论述

克劳塞维茨在《战争论》中讲:"有卓越智力作指导的胆量是英雄的标志,这种胆量的表现,不是敢于违反事物的性质和粗暴地违背概然性的规律,而是在决策时对天才(即准确的判断)迅速而不假思索地做出的较高的决定予以有力的支持。""在紧急的时刻,人们受感情的支配比受思想的支配更多些。""统帅必须用自己的内心之火和精神之光,重新点燃全体部下的信念之火和希望之光。只有做到这一点，他才能控制他们，继续统率他们。"

毛泽东在《〈伦理学原理〉批注》中讲："大凡英雄豪杰之行其自己也，发其动力，奋发踔厉，摧陷廓清，一往无前，其强如大风之发于长谷，如好色者之性欲发动而寻其情人，决无有能阻回之者，亦决不可有阻回者。苟阻回之，则势力消失矣。吾尝观古来勇将之在战阵，有万夫莫当之概，发横之人，其力至猛……皆由其一无顾忌，其动力为直线之进行，无阻回无消失，所以至刚而至强也。豪杰之精神与圣贤之精神亦然。"在他看来，所谓"圣贤豪杰"，"乃其精神及身体之能力发达最高之谓"。这种精神、能力是普通人所不能及的。

梁启超认为，世界上的英雄有两种：一种是造就新文化的英雄，像孟德斯鸠、卡莱尔；另一种是被文化传统造就的英雄，像黑格尔。他认为，没有孟德斯鸠和卢梭，法国革命就不能成功；没有亚当·斯密，英国就不可能恢复自由贸易制度。

电影《奥德赛》中有段对白："成为一名英雄，只需要四五个瞬间。人人都以为英雄是项全职工作，醒来就是英雄，刷牙时也是英雄，上班时也是英雄，并非如此，一生只有四五个瞬间是真正重要的，就是你做选择的瞬间，做出牺牲，战胜缺点，拯救朋友，放过对手，在这些瞬间，其余一切都不重要。"

美国比较神话学家约瑟夫·坎贝尔的《千面英雄》，通过对大量东西方神话的比较研究，从中总结出一个英雄的原型，这本书也因此而得名。"千面英雄"，意指神话中的英雄只有一个，那些不同时代、不同民族的神话中的英雄尽管千姿百态、各不相同，实际上乃是同一个英雄被不同的文化赋予了千差万别的面貌而已。

书中讲："暴君是傲慢的，因此它的命运也就注定了。傲慢是因为他认为它的能力是自己练就的，所以他是个小丑角色，错把幻影当成真实。他注定要被戏弄。英雄的行为是不断破坏当下既成的事物。这个循环的过程不断运转，神话的终点便放在成长的层面。转动、流动才是生活之神的特质，而不是固执的沉重。""总而言之，食人魔暴君是现实生活中的佼佼者，而英雄则是创造生活的佼佼者。"

约瑟夫·坎贝尔在《千面英雄》中还讲道："熟悉的生命范围被突破，旧有的概念、理想和情感模式不再适用，超越阈限的时刻即将到来。"响应召唤的英雄，首先要跨过第一道阈限。在那里，阈限守护者不会让任何人轻易得逞。面目狰狞的食人魔、三个脑袋的猎犬、随时发起袭击的岩石，它们的出现都是为了阻止英雄继续向前。这是命运对英雄的第一次考验。"当英雄响应了对自己的召唤并随着后续的发展充满勇气地继续前进时，他会发现，所有潜意识的力量都站在他这一边。大自然本身会支持这种非凡的使命。如果英雄的行为与社会为之做好准备的行为恰好一致，那么他似乎顺应了历史进程的节奏。""突破个人局限的痛苦就是精神成长的痛苦。艺术、文学、神话、礼拜、哲学及苦行修炼都是帮助个体突破其有限的范围，进入不断扩展的认识领域的工具。当他跨越了一个又一个的阈限，征服了一条又一条的恶龙时，为实现最高愿望而被唤起的神性高度会不断增加，直到包含了整个宇宙。最后思想突破宇宙的局限范围，超越了所有体验的形式——所有象征符号、所有神祇，实现了必然的虚空。""英雄是正在形成的事物的捍卫者，而不是已经形成的事物的捍卫者，因为他就是正在形成的事物。"

网络上给英雄的定义：一是指才能勇武过人的人。如《汉书·刑法志》中写："总擥英雄，以诛秦项。"《三国志·蜀志·先主传》写："是时，曹公从容谓先主曰：'今天下英雄，唯使君与操耳。本初之徒，不足数也。'"唐朝杜甫《蜀相》诗："出师未捷身先死，长使英雄泪满襟。"二是指具有英雄品质的人。如《后汉书·循吏传·仇览》中写："今京师英雄四集，志士交结之秋，虽务经学，守之何固。"唐朝高适《辟阳城》诗："何得英雄主，返令儿女欺。"太平天国杨秀清《果然忠勇》诗："起义破关千百万，直到天京最英雄。"三是指无私忘我、不辞艰险、为人民利益而英勇奋斗、令人敬佩的人。如陈志岁《民说》写："国之兴，盗贼随英雄立功；国之败，官吏同无赖轻法。"毛泽东起草的《中国人民政治协商会议第一届全体会议宣言》中说："为人民解放战争和人民革命而牺牲的人民英雄们永垂不朽！"董必武《邯郸烈士塔》诗："血染沙场气化虹，捐躯为国是英雄。"历史洪流中，一直是时势造英雄，英雄改时势。这两者相辅相成，相生相佐。

通过对"英雄"的论述进行深入观察和比较分析，可以看出：英雄是独立的个体为人类的正义事业"奋发踔厉，摧陷廓清，一往无前"，或为彻底摧毁毁灭人类的非正义的仇恨、自私、贪婪，而"索性"（跨越人生阈限）地释放内在能量的人。这类人被认为有"英雄气概""英雄品质"，其释放能量的过程被称为"英雄事迹""英雄伟业"等。

需要特别指出的是，上面提到的"索性"，指《中庸》"天命之谓性，率性之谓道，修道之谓教"中的"率性"。"率性之谓道",是指顺着"至善"之性做事,也就是直道而行,这就是"率性",指坚如磐石的意志力或能量释放的极致状态。遇事能顺着"至善"之性做事,以"索性"的状态释放人内在的能量便可成为"英雄"。"索性"是开启、运用人类心灵能量释放并跨越人生阈限的一种状态。这种状态呈现前,每一个人的个体均已俱一切,且是与生俱来的!只要懂得,人人都可以成为英雄。但是人要做到"索性"往往很难!

由于人是"索性"地释放内在能量,所以这一能量具有宇宙中人类还无法随意驾驭的能量的特质。正是这一特质,决定了古今中外伟大的英雄人物都具有非凡的能量释放的特质。具体表现是,他们都具有非凡的志向、胆略、智力和悟性,四者缺一不可。正如三国时曹操煮酒论英雄所讲:"夫英雄者,胸怀大志,腹有良谋,有包藏宇宙之机,吞吐天地之志者也。"

◆ 英雄是有分类的

1.从"索性"状态下的能量释放主体看,英雄可分为群体英雄和个体英雄。

群体英雄:"三年以来,在人民解放战争和人民革命中牺牲的人民英雄们永垂不朽!三十年以来,在人民解放战争和人民革命中牺牲的人民英雄们永垂不朽!由此上溯到一千八百四十年,从那时起,为了反对内外敌人,争取民族独立和人民自由幸福,在历次斗争中牺牲的人民英雄们永垂不朽!"(毛泽东起草,周恩来手写,天安门广场人民英雄纪念碑碑文)"喜看稻菽千重浪,遍地英雄下夕烟。"(毛泽东《七律·到韶山》)"人民是历史的创造者,是真正的英雄。"(习近平《在庆祝中国共产党成立100周年大会上的讲话》)

个体英雄:历史上古今中外的英雄豪杰。

2.从"索性"状态下的能量释放作用看,可分为社会型英雄和贤达型英雄。

社会型英雄:无私忘我、不辞艰险,为人民利益而英勇奋斗,令人敬佩,英雄事迹主要显于外在。

贤达型英雄:具有英雄品质,英雄事迹主要显于内在。

3.从"索性"状态下的能量释放次数(持续时间)看,可分为一世型英雄和爆炸型英雄。

一世型英雄:古今中外推动社会历史发展进步且做出巨大贡献的人,他们都是"发其动力,奋发踔厉,摧陷廓清,一往无前",一世奋斗。

爆炸型英雄:刺客型英雄;选择做出牺牲、战胜缺点、拯救朋友、放过对手等的瞬间行为。

4.从"索性"状态下释放的能量顺逆看,可分为历史英雄和盗世奸雄。

历史英雄:和一世英雄同类。

盗世奸雄:如希特勒,在德国,他大搞法西斯专政,疯狂扩军备战;在国际上,他建立了德、意、日法西斯同盟,挑起了第二次世界大战,给世界人民带来了巨大的苦难。希特勒违背了人类要求和平进步的愿望,是世界现代史上的一个重要反面人物。这里需要特别强调的是,那些为发泄私愤而报复社会,恣意制造恶性暴力事件，与"索性"的能量释放毫无瓜葛的，既不是奸雄，更不是英雄，只能是刑事罪犯。

5.从"索性"状态下释放能量的可控度看，可分为英雄和枭雄。

英雄（英杰）：才智杰出，贤不肖不杂，无私忘我、严于律己，仁、义、礼、智、信、忠、孝、悌、忍都能在他们身上得到不同程度的体现，具有鲜明的是非观，在原则面前生死也算不了什么，遵守"不食嗟来之食"。

枭雄：不择手段、深谋远虑、凶狠、狡诈、霸道。绝对不是君子，但也不是小人。不会被别人的是非观所左右。

时代呼唤英雄

如果我们想要人类社会永续发展，想要使自己的生命更有意义，想要致力于人类自身与天地万物间精神相互养塑，那我们就应当在关键的时刻，做出牺牲，战胜缺点，拯救朋友，放过对手，应当"发其动力，奋发踔厉，摧陷廓清，一往无前"，争当英雄。

中华民族是崇尚英雄、成就英雄、英雄辈出的民族。"天地英雄气，千秋尚凛然。"（唐刘禹锡《蜀先主庙》）一个有希望的民族不能没有英雄，一个有前途的国家不能没有先锋。包括抗战英雄在内的一切民族英雄，都是中华民族的脊梁，他们的事迹和精神都是激励我们前行的强大力量。正确认识历史，才能更好地开创未来，不崇尚英雄，就不会产生英雄。"人民是历史的创造者，是真正的英雄"，铭记英雄是对人民力量和人民作用的充分肯定。把英雄作为中华民族的脊梁和激励前行的强大力量,是对青年一代争做英雄的要求,也是对国家鼓励英雄辈出的基石。

从为民族独立、人民解放和国家富强、人民幸福做出英勇牺牲的千万名烈士,到和平年代抛洒热血的英烈们,他们出身平凡,但造就了伟大。中国特色社会主义伟大事业需要千千万万个英雄群体、英雄人物。只要有坚定不移的理想信念,只要有奋发有为的干事决心,只要有脚踏实地的奋斗精神,一切平凡的人都可以获得不平凡的人生,一切平凡的工作都可以创造不平凡的成就。

如何提升人生格局及拥有
大格局人生的显著特征

有人说，格局是一个人的眼光、胆量、智慧、见识、责任心、爱心和使命感。也有人说，格局，是一个人的境界，决定了他看世界的角度；是一个人的胸襟，决定了他对世界的包容度；是一个人的思想，决定了他的生活能否过得自在。还有人说，格局指的是一个人高瞻远瞩的眼界，海纳百川的雅量和胸怀，能考虑到大众利益的使命感和责任感。历史上的伟人、圣贤，无一不胸怀天下。当人生的格局打破了时空的限制，突破了思想的壁垒，破除了精神的桎梏，融会了人类历史精华，汇集了百家之长后，自然就可达成"究天人之际，通古今之变，成一家之言"的人生目标。

◆ **拥有大格局人生的显著特征**

一是海纳百川、虚怀若谷。胸怀是一种品德，更是一种修养，更是人与人长久相处的必备因素。大文豪托尔斯泰一次外出旅行时路经一个小火车站，他在车站月台上随便走走，一辆正要启动的火车拉响了汽笛。突然,有一位女士通过火车车窗向他大喊:"老头!赶紧到候车室将我的包取过来,时间快来不及了。"原来,这位女士看到托尔斯泰穿得很朴素,还风尘仆仆的样子,因此将他当成火车站的搬运工了。托尔斯泰听完后,二话不说,连忙跑到候车室拿来提包,递给了那位女士。女士感激地说:"谢谢啦!"随手递给托尔斯泰一枚硬币,"这是给你的小费。"托尔斯泰并没有拒绝,接过硬币,装进了口袋。女士旁边的一位旅客认出了这个看上去有些狼狈的老头,于是大声对女士叫道:"太太,您知道您的小费给谁了吗?他就是列夫·托尔斯泰呀!"女士脸色变了,连忙道歉和解释:"我怎么能干这种蠢事!尊敬的托尔斯泰先生,请别放在心上!那枚硬币还给我吧,我怎么能给您小费,实在太唐突了!"托尔斯泰平静地说:"太太,别激动,您没有做错什么!至于这个硬币,是我自己赚来的,抱歉不能还给你了。"汽笛再次长鸣,火车缓缓驶向远方。托尔斯泰则微笑着,继续他的旅行。做人,宽容是一种境界,在托尔斯泰这里,宽容是一种至高无上的大格局。

亚伯拉罕·林肯在竞选美国总统前,在参议院某次演说中被一个参议员有意地羞辱,那个参议员说:"林肯先生,在你发表演讲前,我希望你不要忘记一件事,你只是个鞋匠的儿子。"对于这种挑衅和侮辱,林肯并没有动怒,微笑道:"感谢你还记得我的父亲,他虽然已经去世了,但我一定牢记你的忠告,我很明白,我做总统没有办法像父亲做鞋匠那样好……"那位参议员无言以对。林肯继续说道:"我记得,我的父亲以前也为你们家做过鞋,如果你觉得鞋子不合脚的话,我也可以帮你修一下。尽管我不是一个优秀的鞋匠，但我从小就跟着父亲学习做鞋、修鞋的技术。"然后，他又对所有的参议员说道："对参议院的其他任何人也都一样，假如你们穿的那双鞋是我父亲做的，而又需要修理或改善的话，我一定竭尽全力。但有一点我敢打包票，我父亲的手艺无人能及。"说到这里，全场响起了最诚恳的掌声。这件事过后，有朋友不解地问林肯："你为什么想要把敌人变成朋友呢？你应该打击和消灭他们！""我不就是在消灭他们吗？当他们成为我的朋友的时候，敌人不就不存在了吗？"

有气量、有气度、能包容的人，能登高雅之堂，也能容世俗之事，总是能发现问题的本质，总是能看到人性的光辉。谦虚的胸怀有若山谷，无边无际，但是总能让人找到共鸣，产生回响，总是能够以极低的姿态去包容万物，不自满，所以才能与时俱进。包容不是软弱，是坚强！英国诗人亚历山大·波普说过："犯错是人性，包容是神性。"如果说格局最重要的一点是包容，那也不为过，因为有包容才有大的眼界和高的层次。《菜根谭》里提到，但凡有大格局的人，都有难得糊涂的境界。糊涂不是真糊涂，而是揣着明白装糊涂。格局大的人，不仅能承认别人的长处，积极学习，也能容人之短处。比如，韩信在闹市上曾被无赖逼迫从胯下爬过，被称为"胯下之辱"。后来，韩信成为一代名将、西汉开国功臣后，不仅没有找无赖报复，反而对其任以官职，其格局之大实非旁人所能及，实为"豪杰之举动也"。唐朝名将郭子仪不仅英勇善战、足智多谋，而且能容人之短，懂得宽容人。最有名的一件事情就是，郭家的祖坟被他人所掘，郭子仪不仅没有报仇，反而引咎自责，反省自家的不是。这就是一代名臣的格局。

刘邦用人堪称是大师级的。楚汉相争时，陈平由项羽处转投刘邦，刘邦与陈平言语投机，拜他为都尉，留在身边做参乘，监护三军；后来，又根据陈平的才干再次予以破格提拔。这招致刘邦旧将的嫉恨，他们散播流言蜚语说陈平道德败坏，在老家曾与嫂子私通；出仕后东奔西走，是为不忠；还利用职权索贿；等等。刘邦心生疑团，就召来陈平的推荐人魏无知查问是否有"盗嫂昧金"的事实。魏无知没有正面作答，他说："我之所以向大王推荐陈平，是因为陈平的才能；而现在大王所责问的是陈平的品行问题。如今乱世用贤重于用德，'盗嫂昧金'不管真假，对奇谋巧计有什么影响呢？"刘邦被说服，但又唤来陈平问他投效过几家。陈平不跟刘邦讨论忠诚，只说魏王不会用人，项羽任人唯亲，听说刘邦任人唯贤才来投奔。如果你刘邦也认为我不可用，我就请求辞职。刘邦于是不再有疑，提升陈平为护军都尉，专门负责监督诸将。后来，陈平在"反间范增""智离荥阳""计擒韩信""白登解围"等大事中屡屡献计献策，对刘邦平定天下起到了举足轻重的作用。刘邦作为君王，有大格局，能够"容人之短"，不求全责备，唯才是举。曾国藩说："我要步步站得稳，须知他人也要站得稳，所谓立也。我要处处行得通，须知他人也要行得通，所谓达也。"此所谓欲立立人、欲达达人。一次，湖南解送的粮食数额不符，承运人需担当赔偿责任。曾国藩查明是因为途中船漏损失的，下令其免于赔偿。此即"凡为难之处，皆自身任之"。总之，容人之短，是做人有大格局的一个主要特征。成熟的麦穗总是低着头。

一个人知道的越多，就越会发现自己的渺小和无知，然后保持谦虚。北宋范仲淹在《岳阳楼记》中讲:"不以物喜,不以己悲。"意思就是不因外物的好坏和自己的得失而喜或悲。这正是格局大的人海纳百川、虚怀若谷的豁达胸襟。

二是上善若水、心智可靠。仁者乐山,智者乐水。格局大的人,情绪一般很稳定。俗话说:"能干的人,不在情绪上计较,只在做事上认真;无能的人,不在做事上认真,只在情绪上计较。"这就是格局大的人的典型特征,他们知道计较只会给自己制造无穷无尽的烦恼。格局大的人,与之相处,总会给人一种如沐春风的轻松愉悦感。那是因为,他们情绪稳定,明白事理,恭顺有内涵,温和有力量。

漫漫人生路,遭遇挫折和困难在所难免。有的人遭遇挫折后,会一蹶不振,只懂抱怨,不懂得去克服它。有的人遭遇挫折后,会冷静地去分析,寻找解决的方法。这两者,后者属于格局大的人。困难历练人,挫折助成长。在困难挫折中,困难是催人成长的催化剂。格局大往往会拥有强大的心理,所以他们抵抗挫折的能力会更强。拿破仑曾说:"能控制好自己情绪的人,比能拿下一座城池的将军更伟大。"一个人若控制不住自己的情绪,终究会变成自己情绪的奴隶。以色列尤瓦尔·赫拉利在《今日简史》中提到:很多人对自己的心智一无所知,包括科学家在内,很多人都把心智和大脑混为一谈。大脑是神经元、突触和生化物质组成的实体网络组织,而心智则是痛苦、愉快、爱和愤怒等主观体验的流动。虽然对大脑的研究突飞猛进,但我们依然没有观察到心智。格局大的人不仅大脑发达、智商很高,而且心智强大、超越时空。金一南在《浴血荣光》中讲:"1935年2月5日,在云南威信地区一个叫'鸡鸣三省'的地方,中央常委讨论分工问题。……周恩来那天晚上与博古有一次彻夜长谈。周恩来说,自从我领导的南昌起义失败后,我就知道中国革命靠我们这些吃过洋面包的人领导不行,我们要找一个真正懂中国的人,这个人才有资格领导中国革命,而且只有他才能够把革命搞成功。老毛就是这样的人,他懂中国。你我都当不成领袖,老毛行,我们共同辅佐他,大家齐心协力把这个事情搞成。"这是周恩来推心置腹地跟博古的谈话。第二天一早,博古就把中央的印章和中央的文件全部交出来了。《菜根谭》里有句名言"我果为洪炉大冶,何患顽金钝铁之不可陶熔。我果为巨海长江,何患横流污渎之不能容纳",告诉人们包容的背后是一种心态。有的时候,承受一些委屈和不公平并没有什么妨碍,对于人生来说也无伤大雅。一个胸襟开阔的人在为人处世时,善于忘记对方的仇恨,并能够容忍对方的问题。要想成功,长远的眼光和广阔的胸襟都是必不可少的因素。处世立身,胸怀决定了一个人的人生高度。

三是坚毅自信、宠辱不惊。格局大的人都不乏野心,如果你对一件事情有兴趣,首先会大胆尝试,这样才有所结果,如果成功,就坚持下去,慢慢会取得进展;如果失败,也要有自愈的能力,懂得人生原本有成功、有失败,不为当下的羁绊所困惑,坚持不懈,直至成功。成功人士大都是乐观主义者。一个人有宽广的胸襟、深远的眼界,比一般人更清楚自己想取得的长远目标,也就是说他的想法要比一般人深远。拥有大格局的人也会拥有超乎常人的自信,这种自信不是盲目自信,而是在自己十有八九把握之下由衷的自信,也会在被别人否定时有坚定的信心。

格局大的人总能激励他人,让大家充满斗志。格局大的人不为事物所累,不为外界干扰所惑,总能淡定从容地面对周围发生的一切。毛泽东曾说:"大凡英雄豪杰之行其自己也,发其动力,奋发踔厉,摧陷廓清,一往无前。其强如大风之发于长谷,如好色者之性欲发动而寻其情人,决无有能阻回之者,亦决不可有阻回者。苟阻回之,则势力消失矣。吾尝观古来勇将之在战阵,有万夫莫当之概,发横之人,其力至猛……皆由其一无顾忌,其动力为直线之进行,无阻回无消失,所以至刚而至强也。豪杰之精神与圣贤之精神亦然。"当抗日战争处在最艰苦的相持阶段,许多人苦闷、动摇时,毛泽东发表了著名的《论持久战》,其中指出:"武器是战争的重要的因素,但不是决定的因素,决定的因素是人不是物。力量对比不但是军力和经济力的对比,而且是人力和人心的对比。""抗日战争是持久战,最后胜利是中国的——这就是我们的结论。"毛泽东在中国人民政治协商会议开幕式上说:"诸位代表先生们,我们有一个共同的感觉,这就是我们的工作将写在人类的历史上,它将表明:占人类总数四分之一的中国人从此站立起来了。……让那些内外反动派在我们面前发抖吧,让他们去说我们这也不行那也不行吧,中国人民的不屈不挠的努力必将稳步地达到自己的目的。"格局大的人,总是能很好地调控自己的情绪,给人得到不喜、失去不愁的印象,不论遇到什么事情,都能表现得"不惊不动";总能悄悄掩饰自己的悲痛,不动声色地做出自己的决定,有赢得起的能力,也有输得起的勇气。

四是高瞻远瞩、不役于物。格局大的人,他们脑中都有布局思维，能提前预判会出现的问题，并做好应对方案和准备，确保遇到问题不慌乱，避免被动应付；格局大的人，善于在经历中自我反省，不会一味"唯我"主义，而是会自觉地跳出禁锢自己的思想圈，换位思考并自我检讨；格局大的人知道自己想要什么、不想要什么，不拘泥于眼前的小利或局部的利益，而是目光远大，追求卓越。曾国藩说："如果你能吃到世界上一流的痛苦，你就能成为世界上一流的人！"苏东坡在《贾谊论》中说："夫君子之所取者远，则必有所待；所就者大，则必有所忍。"邓小平一生"三落三起"，他处于低谷时，从不怨天尤人，从不心灰意冷，总是不屈不挠、沉着坚韧，对党和人民无限忠诚，愈加拥有探索真理的勇气，更加深入地思索中国革命和建设的经验教训和根本规律问题，发愤要有新的更大作为。邓小平再度出来工作时，曾毅然决然地表示："出来工作，可以有两种态度，一个是做官，一个是做点工作。我想，谁叫你当共产党人呢，既然当了，就不能够做官，不能够有私心杂念，不能够有别的选择。"格局大的人对未来的自己有明确的规划，即使跌倒也会拍拍身上的土，自豪地说："我要继续走我的路！"他们懂得及时止损，不和烂人烂事纠缠，因为纠缠于他人和琐事，注定会脱不开自己套上的枷锁。格局大的人始终把"不役于物"放在首位，不被物质的需求所驱使。

五是情志所致、齐天等地。以下几例彰显博大胸怀的诗文即是明证。《庄子·齐物论》："夫大块噫气，其名为风。① 是唯无作，

---

① 大块：大自然。噫气：呼出的气。大地发出来的气就叫作风。这是古人对风的起因的解释。

作则万窍怒号。"《礼记》:"大道之行也,天下为公。选贤与能,讲信修睦。故人不独亲其亲,不独子其子,使老有所终,壮有所用,幼有所长,矜、寡、孤、独、废疾者皆有所养,男有分,女有归。货恶其弃于地也,不必藏于己;力恶其不出于身也,不必为己。是故谋闭而不兴,盗窃乱贼而不作,故外户而不闭。是谓大同。"魏晋张华《答何劭诗二首 其二》:"洪钧陶万类,大块禀群生。"魏晋张茂先《励志》:"大仪斡运,天回地游。四气鳞次,寒暑环周。星火既夕,忽焉素秋。凉风振落,熠耀宵流。①"唐代李白的《春夜宴从弟桃花园序》:"夫天地者,万物之逆旅也;光阴者,百代之过客也。……阳春召我以烟景,大块假我以文章。"南北朝《乐府诗集·敕勒歌》:"敕勒川,阴山下。天似穹庐,笼盖四野,天苍苍,野茫茫,风吹草低见牛羊。"毛泽东《沁园春·雪》:"北国风光,千里冰封,万里雪飘。望长城内外,惟余莽莽;大河上下,顿失滔滔。山舞银蛇,原驰蜡象,欲与天公试比高。须晴日,看红装素裹,分外妖娆。江山如此多娇,引无数英雄竞折腰。惜秦皇汉武,略输文采;唐宗宋祖,稍逊风骚。一代天骄,成吉思汗,只识弯弓射大雕。俱往矣,数风流人物,还看今朝。"

◆ 如何提升人生格局

常言道,心有多大,舞台就有多大。格局的大小,会在很大

---

① 大仪,指形成天地万物的混沌之气,可以认为等同太极的意思。斡运,旋转运行。熠耀宵流:萤火虫在夜晚流动,飞行。

程度上决定自身的成就。格局决定你的人生，格局放大点，你的人生也将放大。只要能够将自己的格局放大，人生就会有无限的可能性。提升人生格局，需要读万卷书、行万里路、阅人无数和高人指路。

一是读万卷书。读过的书，决定你思想的深度。哲学中有一句话——"你所想的就是你所看到的"，意思是：一个人的大脑包含着什么、想着什么，他就将看到什么和做什么。因此，如果我们要有一个灿烂的想法和广阔的格局，我们必须首先学会用知识丰富和武装自己，每当我们读完一本书的时候，都会从中受益良多，获得精神上的升华，这种益处虽然看不见，却实实在在蕴含在自己的气质和文化底蕴中。作家三毛说："读书多了，容颜自然改变。"《孟子·离娄下》讲："君子深造之以道，欲其自得之也。自得之，则居之安；居之安，则资之深；资之深，则取之左右逢其原，故君子欲其自得之也。"孟子的这段话是说，君子要按照正确的方法深造，是为了使他自己获得道理，并能够牢固地掌握它。所以说君子就是为了自得，自己获得道理。程颢《答横渠先生定性书》中讲："君子之学，莫若廓然大公，物来而顺应。"这是说明了君子为学，修心养性，开阔胸襟，大公无私，遇到事情就能坦然自如地应对。读书的方法很多，要找到适合自己的方法，要坚持循序渐进、熟读精思，要坚持切己体察、理论联系实际，要排除杂念、专心致志，要发愤忘食、着紧用力。切不可急于求成、虎头蛇尾、浅尝辄止、半途而废。

二是行万里路。走过的路，决定了眼界的宽度。"读万卷书，不如行万里路。"阅读带给我们的，是思想上的见识，而走出去，我们才能够领略到真实的大千世界。读书是向内求索，走出去就是向外延展。一个人的眼界，会随着他走过的路越来越多而越来越开阔，在很多事情上，认知也会不断提高。1913年，毛泽东在《讲堂录》里写道："游之为益大矣哉！登祝融之峰，一览众山小；泛黄勃之海，启瞬江湖失；马迁览潇湘，泛西湖，历昆仑，周览名山大川，而其襟怀乃益广。""闭门求学，其学无用。欲从天下国家万事万物而学之，则汗漫九垓，遍游四宇尚已。"

古人讲学习要读万卷书、行万里路。有多少仁人志士对孔子周览天下名山大川、开阔胸襟的壮举心向往之。《孟子·尽心上》曰："孔子登东山而小鲁，登泰山而小天下。故观于海者难为水，游于圣人之门者难为言。"孔子登上了东山，觉得鲁国变小了，登上了泰山，觉得天下变小了；看过大海的人，就难以被别的水吸引了；在圣人门下学习的人，就难以被别的言论吸引了。毛泽东赞赏古人"读万卷书，行万里路"的治学之道，向往司马迁周览天下名山大川、开阔胸襟的壮举。他主张，求学要结合社会实际，不但要读有字之书，还要读无字之书。毛泽东从山村，到县城，到省城，一圈一圈向外延伸，最终读完了人生一部厚厚的书。

三是阅人无数。经历过的事，决定了胸怀的广度。美国著名成人教育家戴尔·卡耐基在《人性的弱点》一书中写道："一个人的成功，只有15%由于他的专业技术，而85%则归功于人类工程学，也就是人格魅力和领导能力。"韩信胯下之辱，可以说是家喻户晓的故事。他在成为西汉的开国功臣之前也有过一段穷困潦倒的生活，后来协助刘邦匡扶天下，成为大名鼎鼎的人物。当他受封后回到楚地，召见当年在街上羞辱他的小混混，他不但没有杀之而后快,反而赏赐他,说:"方辱我时,我宁不能杀之邪?杀之无名,故忍而就于此。"《论语·子张》中说,子夏的门人问子张关于交友的问题。子张问:"子夏云何?"子夏的门人讲:"可者与之,其不可者拒之。"子张说:"异乎吾所闻:君子尊贤而容众,嘉善而矜不能。"子夏与子张讲的的确不一样,但他们都是对的。王阳明在解答他的学生问这是为什么的时候讲,子夏说的是孩童间的交往,子张说的是大人之间的交往,如果懂得应用,他们讲的都是正确的。也就是说,人在孩童的时候,父母要经常提醒孩子谨慎交友,要时刻关注孩子与什么样的人相处,防止受到伤害或跟不良的人学坏了;成人后,就不能过分择友,要学会与社会上各种各样的人打交道。始终抱着"遇事虚怀观一是,与人和气察群言"的态度去处事、从所经历的人和事中感悟人生,不断"观一是""察群言",增广智慧,增益人生。

四是高人指路。人生中遇见过什么样的人,也决定着一个人思想境界的高低。刘伯承少年时,他的父亲刘文炳为他请了一位学识、气质不凡的私塾先生任贤书。任贤书早年参加过太平天国运动,他的学识、眼界和对社会观察、了解、认识的深度非一般人能比,而且懂兵法、精武术,他在跟随石达开兵败大渡河后,流亡藏匿于大巴山中。刘文炳发现此人非同一般,便聘请他做私塾先生。刘伯承从5岁开始跟随他学习文化知识,接受启蒙教育。刘伯承聪明好学,悟性很高,深得任贤书的喜爱和器重,业余时间任贤书教他练习武术,一直到12岁刘伯承开始接受新式教育为止。这大约7年的启蒙教育,对刘伯承的思想和人生产生了深远的影响。

《明史·朱升传》讲，明朝建国以前，朱元璋召见一个元末儒生朱升，问他在当时形势下应当怎么办。朱升讲："高筑墙，广积粮，缓称王。"朱元璋茅塞顿开，采纳了他的意见，取得了胜利，最终建立了明朝。历史上这样得到高人指点、虚心纳谏、从谏如流而成就事业者很多。人的一生中如果经常得到高人指点，特别是在最需要的时候，能够得到高人指点，便能够驱散阴霾，让人的心胸豁然开朗；能够让人坚定意志、增强信心；能够指引方向、成就事业。正所谓"与君一席话，胜读十年书"。

信仰与奋斗

人之所以不同于其他生物，关键在于人拥有意识。这种意识，使人会观察世界，会反思自身。人需要一种精神力量来为自己确立价值目标，或塑造完美的人格，或营造美好的未来，这种精神力量就是信仰。有此，人类可以增强生活的信念，确立前进的方向。不同的人在信仰的选择上也会有所不同：有的人选择信仰宗教，有的人选择信仰科学，有的人选择信仰理性……不管信仰有多么不同，信仰者对信仰的态度都是相同的，即将信仰内容视为其人生的最高原则，所有活动都以这个原则为指向。

❖ 人一定要有信仰

有信仰，才有方向，才有动力，才有坚持。印度哲学家、诗人泰戈尔讲："信仰是个鸟儿，黎明还是黝黑时，就触着曙光而讴歌了。""只有人类精神能够蔑视一切限制，相信它的最后成功，将它的探照灯照向黑暗的远方。"信仰是你的信任所在，同时也是你的价值所在。信仰对人生的重大影响主要包括：人生目标的确立、奋斗历程的把握、精神境界的陶冶、驭挫勇气的养成、道德魅力的塑造、身心关系的调整、人我关系的处理、乐观情趣的培养、紧张情绪的疏解等九个方面。所有的人都会有自己的思想和期望，但是梦想成真的人却是少数，关键点就在于有没有坚定的信仰。因为拥有信仰的人会十分明确自己的人生方向和价值追求，人一旦拥有了信仰，就拥有了巨大的精神力量，这种力量体现为永不放弃的行动，他们面临任何挫折和困境，都会百折不挠，不言放弃。可以说，信仰确立了个体的人生意义和价值标准，也成为个体毅然前行的巨大动力。反之，信仰的缺失将使人生变得迷惘彷徨，了无生趣。

信仰与理想信念既有区别又紧密联系。理想是信仰的具体体现，对于一个人来说，其理想总是同其信仰一致的，信仰指导着理想的发展变化，理想则服务于信仰。信念是在一定的世界观、人生观、价值观的基础上所形成的信仰和思想观念，它可以自觉地指导人的实践活动。"志不立，天下无可成之事。"远大的理想、崇高的信念能点燃人生的激情，激发人们的才智，激励人们奋发向上。古今中外，凡是为人类进步事业做出杰出贡献的人，无不具有远大的理想、崇高的信念、坚定的信仰。

毛泽东在《民众的大联合》中讲："我们中华民族原有伟大的能力！压迫愈深，反动愈大，蓄之既久，其发必速。我敢说一怪话，他日中华民族的改革，将较任何民族为彻底。中华民族的社会，将较任何民族为光明。中华民族的大联合，将较任何地域任何民族而先告成功。诸君！诸君！我们总要努力！我们总要拼命的向前！我们黄金的世界，光华灿烂的世界，就在前面！"井冈山时期，他在《星星之火，可以燎原》一文中用诗一样的语言预言革命高潮即将到来："它是站在海岸遥望海中已经看得见桅杆尖头了的一只航船，它是立于高山之巅远看东方已见光芒四射喷薄欲出的一轮朝日，它是躁动于母腹中的快要成熟了的一个婴儿。"

从伟人的思想毅力品质可以看到，信仰是无比神圣的，其目标是无比崇高的！当一个现实中的人成为信仰者的领袖时，信仰者会自觉接受领袖的感召，并因共同的信仰而服从。同一信仰的人会形成一个团体，而团体作为纽带，使信仰者的内心有了归属。信仰一般都具有很强的渲染性，可以激发信仰者内心的力量，并使信仰者沿着共同的理想信念奋斗。

人一定要脚踏实地地奋斗

托尔斯泰说："世界上只有两种人：一种是观望者，一种是行动者。"古人讲："知之非艰，行之惟艰。"懂得道理并不难，实际做起来就难了。因此，人一定要沿着信仰指引的方向脚踏实地地奋斗。

一是奋斗要克勤小物。自古以来，成就大业的人，大多是从克勤小物而来。大礼不辞小让，细节决定成败。老子讲："天下难事必作于易，天下大事必作于细。"把每一件简单的事做好，就是不简单；把每一件平凡的事做好，就是不平凡。古人说："海不辞水，故能成其大；山不辞土石，故能成其高。"一个细分的时代正悄然向我们走来，生活包含细节，工作重于细节，人生看重细节，我们已毋庸置疑地走向了细节制胜的时代。细节，就是那些看似普普通通、平平凡凡的，却又十分重要的事情。也有人说，细节，就是每件大事背后的小事，如果连小事都做不好，又怎么做大事呢？从很大程度上说，注重细节是一种精神，是一种在工作和生活中实实在在、尽心尽责的精神。注重细节是人生的一种态度，只要你处处用心去对待，你就能拥有这种精神与态度。细节决定兴亡，正如英国查理三世的故事——"一钉损一马，一马失社稷"；细节可以打败婚姻，打败爱情，法国文学家伏尔泰说："使人疲惫的不是远方的高山，而是鞋子里的一粒沙子。"1913年，毛泽东在《讲堂录》中指出："人立身有一难事，即精细是也。能事事俱不忽略，则由小及大，虽为圣贤不难。不然，小不谨，大事败矣。克勤小物而可法者，陶桓公是也。"陶侃，谥号"桓"，史称桓公，为东晋时期名将，他生性聪慧敏捷，为人谨慎，为官勤恳，整天严肃端坐；军中府中众多的事情，自上而下去检查管理，没有遗漏，不曾有片刻清闲；招待或送行有序，门前没有停留或等待之人。

二是奋斗要脚踏实地。"百尺之栋，基于平地；千丈之帛，一尺一寸之所积也；万石之钟，一铢一两之所累也。"要培养脚踏实地的务实作风；要勤勤恳恳做好每一件小事，严以律己，做好每一个细节。把一件件小事做好了，把一个个细节做好了，大事业就自然而然地成就了。我曾经参加一个好朋友妻子的葬礼，因为我这位朋友十分悲痛，按照他自己的话说就是"撕心裂肺的痛"，我听他说过来讲过去，但有一点我听明白了，那就是"我的妻子很能干，家里大大小小的事，她都全扛了，我们这个家一点都没让我操心"。这一点很不简单，对于一个文化程度不是很高的女性来说，她能够得到家庭和丈夫的最终认可，难吗？其实不难，因为这位妻子已经养成了脚踏实地的务实作风。可是，我们有多少家庭，为家务琐事闹矛盾、吵架甚至大打出手，更有甚者为此闹到不可调和、离婚的程度！我认为，我这位朋友的妻子算是圆满了。脚踏实地的务实作风，可从身勤、眼勤、手勤、口勤、心勤这"五勤"上下功夫，就是要做到：不怕艰险困苦，亲身去体验；不管是看人还是看文，眼睛能看得真切；东西随手收拾，易忘之事随笔记载；与人多交流、会沟通；心精诚、多思。

现在很多独生子女家长讲："我家的孩子宅得很呢，一天到晚待在家里，大门不出，二门不迈。"男孩子、女孩子都"宅"在家里，对象也找不到，家长急，没用。孩子们还说："真是皇上不急太监急。"你多出去锻炼锻炼身体，搞点有氧运动，爬爬山、逛逛公园总可以吧？不去！一个字——"懒"！这是说的身懒。还有一个笑话，是讲现在的小孩，家里的酱油瓶子倒了他都不扶，眼睛看到了也装作没看到，他不扶也就算了，那你叫一声，让大人去扶也行啊，他懒得开口，根本就是无动于衷。这是眼懒、手懒、口懒、心懒。怎样做才能磨砺脚踏实地的吃苦精神？"夏禹勤王，手足胼胝，文王旰食，日不暇给。"（《世说新语·言语》）这句话是说夏禹操劳国事，手脚都长了茧子；周文王忙到天黑才吃上饭，总觉得时间不够用。《旧唐书·李百药传》记，唐太宗李世民"退思进省，凝神动虑，恐忘劳中国，以事远方；不籍万古之英声，以存一时之茂实。心切忧劳，迹绝游幸，每旦视朝，听受无倦；智周于万物，道济于天下。罢朝之后，引进名臣，讨论是非。……才极日昃，命才学之士，赐以清闲，高谈典籍，杂以文咏，间以玄言，乙夜忘疲，中宵不寐。"这是多么吃苦的精神啊！要厚植脚踏实地的精细思维。精细思维就是要善于"格物致知"。如果你想在一段时间内完成某件事，那么最好定下月目标、周目标、日目标甚至半天目标、小时目标。这样一来，在每个时间点里，你都会有具体的目标任务去达成，不至于迷失在整体的框架里。如果一个团队要完成一项大的工作任务，那就要从任务总目标出发，细化目标，细化分工，细化责任，细化标准，使每个人都立足本职岗位，潜心钻研，精进不止，这样才能高标准、高质量地完成任务。北宋名著《梦溪笔谈》记述，磁州"百炼钢"的锻造过程要连续煅烧百余次，这真是"百炼成钢"。

三是奋斗要持之以恒。持之以恒首先要有恒心，不达目的决不罢休。你可能会有同感，有时候做某一件事，刚开始第一阶段干劲十足，进入第二阶段就开始萎靡不振，到了第三阶段就彻底放弃。到头来，竹篮打水一场空，什么都没完成不说，还徒增了自己的焦虑情绪。所以说，人到最后，拼的不是运气和聪明，而是毅力。要忍受煎熬，要耐得住寂寞，坚持、坚持、再坚持，才能到达最后成功的那一刻。要做到持之以恒，还必须专心，不能眉毛胡子一把抓，什么都想干，头绪很多，摊子很大。《曾文正公家书》讲："吾阅性理书时，又好作文章；作文章时，又参以他务，以致百不一成。"毛泽东曾言："此言岂非金玉！"可现实生活中，有多少人，看到什么就想干什么，那能干得过来吗？正所谓"听风就是雨"，结果"东一榔头西一棒子"，什么都干不好、学不好，一天到晚忙得饭都吃不上，却一事无成，一行不精。持之以恒要讲究方式方法。有时候，没有经历就没有体会，没有体会就没有坚持。《晋书·顾恺之传》说，"恺之每食甘蔗，恒自尾至本，人或怪之。云：'渐入佳境'"。学理论的兴趣靠培养。慢慢读一点，引起兴趣。如倒着吃甘蔗，渐入佳境。所以，学习要培养兴趣，要读经典、读原著，要博览群书，要活到老学到老，要像木匠"钉钉子"那样"挤"时间，要像木匠"钻木头"那样"钻"进去。据记载，毛泽东最后读书的时间是1976年9月8日5时50分，他在医生抢救的情况下读了《容斋随笔》7分钟，第二天，一代伟人与世长辞。

四是奋斗要"习劳止殆"。东晋时期名将陶侃，闲时总是在早上把一百块砖运到书房的外边，傍晚又把它们运回书房里。别人问他为什么要这样做，他回答说："我正在致力于收复中原失地，过分地悠闲安逸，唯恐难担大任。"他就是这样劳其筋骨以励其志的。毛泽东曾点评："陶侃运甓习劳，克将军驱猎山林，华盛顿后园斫木。盖人之神也有止，所以瘁其神也无止，以有止御无止则殆。圣人知之，假是以复其神，使不瘁也。"其实，"习劳"不仅可以"止殆"，而且可以产生心得，实践出真知，特别是一些使身体达到极限的"习劳"，会使人得到意想不到的体验和感悟。宽泛地说，身勤、眼勤、口勤、手勤、心勤这"五勤"也可以被称为"五习劳"，如果真的勤了，苦思、苦行、苦学、苦练所积，何愁事业不成？我在本书第二篇的《东方智慧——中医与"身体修理学"》一文中，结合自身实践经验，详细论述了"习劳励精止殆"这一新观念。

五是奋斗要厚积薄发。庄子《逍遥游》："且夫水之积也不厚，则其负大舟也无力。覆杯水于坳堂之上，则芥为之舟。置杯焉则胶，水浅而舟大也。"显然能力水平达不到，是很难成大事的。现实生活中经常听到有人讲："地球离了谁都照样转！"我认为这句话值得商榷。一方面，很多事情本身并不难，换谁都可以干，而且都可以干好，这是在此等事情面前人才济济的缘故；很多事情比较有难度，不同人干的质量和效果不一样，有的干得好、有的干得差；难度大的事，只有少数人才能干，而且能干成、能干好，而其他的人想干干不了，让他干也干不成。人贵有自知之明。在生活中，我们也会遇到那些做事认真、一丝不苟的人，这种人身上有坚持不懈的精神，这类人成功是很容易的。家庭里面如果有个这样的人，你基本就不用操什么心了，很多事情他都会安排好，就像曾国藩一样，作为家中的老大，为父母的健康操心，为弟弟们的前途操心，为家族的兴旺操心。正是有曾国藩这样一个人，曾家才能够兴旺。这虽然有点夸大曾国藩在曾家的作用，但是事实上他确实为曾家做了很多事。一人一家之兴旺，必然与其兢兢业业、不苟不懈有关，即做事做人的态度和准则有关。时间越长，越要看这一点是否做得足够好；一个人长期养成的这种态度、习惯和准则，越到最后，往往越决定一个人成就的大小。

关于人生冲突和挑战的思考

季羡林提出人一生要解决三个问题，即：（一）人与自然的关系；（二）人与人的关系，即社会关系；（三）人自身内部的情感冲突与平衡。其中，人与人之间的关系问题最复杂、最难以把控。而人与人之间的关系中，人生冲突和挑战不可不察。我曾经听一位朋友讲：2020年，他受到他们单位一个同事匪夷所思的诬陷诽谤，并且这个同事还得到他们单位一位领导的支持，他的这位同事和单位的这位领导采取各种手段对他进行"打压"和"凌暴"。他说，在别人看来，这是他一生中最为跌宕起伏、惊心动魄的一年，也是他"遭遇不幸"的一年；但在他本人看来，就像宋玉在《九辩》中所表达的："谅无怨于天下兮，心焉取此怵惕？"因为他没有辜负组织和领导的期望，更没有做任何的亏心事、私心事、龌龊事，他何必忧心呢？所以他自然不会因心里有鬼而恐慌。他说，他在工作中真的做到了"正其义而不谋其利，明其道而不计其功"，所以当各种各样匪夷所思的诬陷诽谤、"打压"和"凌暴"来临的时候，他始终心底坦荡荡，一切如常，甚至做到了与其他旁观者并无二致。后来，他对我讲，两年多了，事情早已过去，现在再来看当时这件事及其后来的演变过程，他真心感受到了"君子有终身之忧，无一朝之患"(《孟子·离娄下》)的真理光芒。孟子这句话是说，君子以终身的高度去看问题，去思考未来百年内的忧患，眼前的问题，其实都不是问题，都是小问题，不要为一朝一夕之事惴惴不安、患得患失。很多事情往往就是这样，没有经历就没有体会。这里我谈谈自己对"人生冲突和挑战"的几点看法。

人生冲突和挑战无处不在

天有不测风云，人有旦夕祸福。人的祸福像天气一样变化无常，难以预料。人除了要应对赖以生存的自然环境条件及其变化所构成的各种各样的威胁和挑战外，还要应对人与人之间各种各样的千奇百怪的冲突。人心不如水，凭空起波澜。1958年12月，毛泽东在《关于帝国主义和一切反动派是不是真老虎的问题》中告诫人们："一点不怕，无忧无虑，真正单纯的乐观，从来没有。每一个人都是忧患与生俱来。学生们怕考试，儿童怕父母有偏爱，三灾八难，五痨七伤，发烧四十一度，以及'天有不测风云，人有旦夕祸福'之类，不可胜数。"

中国哲学史上争论最多的问题之一是性本善还是性本恶。关于性本善与性本恶，儒家分为两派，荀子认为"人之初，性本恶"；孟子认为性本善，"恻隐之心，人皆有之"。其实，"食色，性也"，性即本能，无善、恶之分。生存、温饱、发展均是人的本能，但人人都要生存、发展，都想升官、发财，那就必然有冲突。

岁月不居，时节如流，人短暂的一生中，充满着冲突和挑战。锐始者必图其终，成功者先计于始。伟大的事业从来不是一帆风顺的，人生路上注定鲜花与荆棘相伴，机遇与挑战并存。正因为如此，当人生遇到冲突和挑战的时候，不要惊慌失措，也不要怨天尤人，更不要过于自责。

要辩证认识冲突和挑战

你对冲突和挑战的态度，决定了你的人生发展方向和最终的结局。北京师范大学心理学郑日昌老教授讲：要懂得辩证认知。一是要懂得相对论——不好中有好；二是要懂得全面论——这方面不好那方面好；三是要懂得发展论——现在不好将来好；四是要懂得平衡论——凡事有度才算好。毛泽东曾讲："我们之间，进行批评帮助都是好意。就是明明知道某些批评是恶意也要听下去，不要紧吗！人就是要压的，像榨油一样，你不压，是出不了油的。"人没有压力是不会进步的。1918年，毛泽东在读德国泡尔生的《伦理学原则》时批注："吾人揽（览）史时，恒赞叹战国之时，刘、项相争之时，汉武与匈奴竞争之时，三国竞争之时，事态百变，人才辈出，令人喜读。至若承平之代，则殊厌弃之。非好乱也，安逸宁静之境，不能长处，非人生之所堪，而变化倏急，乃人性之所喜也。"（见《毛泽东早期文稿》）冲突和挑战，正是考察你的能力和心志的时候。你在冲突和挑战中的表现，不仅能彰显并检验你的能力，还能体现你的心志到底有多强大。冲突越烈、挑战越大，越能作如是观。众所周知，"周公躬吐捉之劳，故有莘空之隆","齐桓设庭燎之礼,故有匡合之功"是人生机遇,那是因为他们遇到明君而能施展自己的能力和才华,实现自己的政治抱负和人生理想。在我看来,"伊尹勤于鼎俎""太公困于鼓刀""百里自鬻""甯子饭牛"也是机遇,那是因为在他们没有被明君际遇时,也能顺势而为,蓄势待发,决不自弃于世。升官得势自然因机遇,失势谪居也因机遇,正像清代林则徐在《赴戍登程口占示家人二首》中讲的:"谪居正是君恩厚,养拙刚于戍卒宜。"入仕自然是机遇,野隐也是机遇,中国古代著名的隐士如许由、巢父、伯夷、叔齐、鬼谷子、颜回、商山四皓、严光、竹林七贤、陶渊明等,都光耀千秋,被永世传颂。塞翁失马,焉知非福。邓小平对内不折腾,对外韬光养晦,死死抓住几十年难得的国际环境,果断地把中国推上了一个台阶,没有邓小平就没有改革开放。总之,机遇存在于任何时候,需要自己把握。正因为如此,当冲突与挑战来临的时候,要正视它,勇于面对它,不仅要依法依规、科学合理地解决它,还要增强机遇意识和风险意识,把握发展规律,发扬斗争精神,善于在危机中育新机、于变局中开新局。

◆ 要把牢心志永不改变

英雄造时势,时势造英雄。人生无时没有冲突和挑战,关键是能否意识到、能否抓住并利用好。特别是身处逆境者,心志决定了人生成败。老子对孔子讲:"名爵者,公器也,不可久居。""无用,安知不是大用,弱则生,柔则存。天下莫弱于水,而攻坚者莫之能胜，上善若水。"北宋时期著名政治家范仲淹讲：有怨有憾，亦不改变心志，这大约便是仁君与昏君、君子与小人的差别了。毛泽东《水调歌头·游泳》中名句："不管风吹浪打，胜似闲庭信步。"众所周知，西伯姬昌被拘禁而演绎《周易》；孔子受困厄而作《春秋》；屈原被放逐才写了《离骚》；左丘明失明才有《国语》；孙膑被削去膝盖骨才撰写了《孙子兵法》；吕不韦被贬谪蜀地才写出了《吕氏春秋》；韩非被囚禁在秦国写出《说难》《孤愤》；《诗》三百篇也基本上都是一些圣贤发愤时而写的。司马迁讲的这些事情，除左丘失明一例以外，其他人都是在压抑不得志，不能施展自己的才华和理想时，才著书立说做出了成就，这不失为人生道路的一种智慧选择。自古以来，芸芸众生塞天地，达官贵人、高官厚禄者不计其数，然而历史上被记住的值得称颂的人有多少？正所谓"有些人活着，他已经死了，有些人死了，他还活着"。司马迁说："人固有一死，或重于泰山，或轻于鸿毛，用之所趋异也。"只有明智的人才能始终做到专一于"道"，端正意志，做到美色不能使之迷惑，事务不能使之疲惫，经世事不能使之失算。由此看来，人受点打击，遇点困难，也不是什么大不了的，关键在你的心志有多强大，能否做真君子，保持战略定力，心志永不变，实事求是，等闲视之，愈挫愈奋。如果能够把冲突和挑战、逆境和厄运当作对人生精神境界的磨炼，便能更加精进，更好地抒发自己的情怀，去实现人生的理想和抱负。毛泽东在《〈伦理学原理〉批注》中讲："大凡英雄豪杰之行其自己也，发其动力，奋发踔厉，摧陷廓清，一往无前……"这样，你的人生就一定能够绽放异彩。

◆ 要"允执厥中"守住底线

首先,身处逆境要学会持中处置,不因喜恶而偏激。要用"雷霆雨露,皆是天恩"的博大胸襟泰然处之。《论语》讲:"《诗》三百,一言以蔽之,曰'思无邪'。"只要心思像诗三百那样,情思深深而没有邪念,尽可大美大善于天下。孔子认为,如果人不能改变世界,那么就应当改变自己的内心。"朝闻道,夕死可矣。""求仁得仁,有何怨?"庄子讲:"知其无可奈何而安之若素,德之至也。"《命运论》讲:"天动星回,而辰极犹居其所;玑旋轮转,而衡轴犹执其中。既明且哲,以保其身。"知道世事艰难无常,无可奈何却又能安于处境、顺应自然,始终保持内心的强大,既要守牢底线而又不偏激,既要顺势而为,又要能"允执厥中",这是道德修养的最高境界,是人生至理。只要能心如磐石,始终如一,就一定能度过勃郁烦冤之时,迎得辉焕灿烂之境。其次,身处逆境要学会持中处置,不因胆怯而受戕。常言道,"身正不怕影子斜,脚正不怕鞋子歪"。只要为人做事走得正、行得端就没有什么可怕的,君子俯仰于天地,无愧于心,哪里会惧怕冲突与挑战?《命运论》还讲:"木秀于林,风必摧之;堆出于岸,流必湍之;行高于人,众必非之。""其身可抑,而道不可屈;其位可排,而名不可夺。譬如水也,通之斯为川焉,塞之斯为渊焉;升之于云则雨施,沉之于地则土润;体清以洗物,不乱于浊;受浊以济物,不伤于清。是以圣人处穷达如一也。"人生中遇到冲突与挑战,守牢底线是大端,要敢于斗争、善于斗争,切不可胆怯生畏，要做到"道不可屈""名不可夺"，为川、为渊、施雨、润土，处穷达如一。身处逆境要学会持中处置，"允执厥中"，抱定只要有一颗赤子之心，一颗天下为公之心，一颗"不以物喜，不以己悲""先天下之忧而忧，后天下之乐而乐"的仁义之心，就一定会在冲突与挑战的逆境中，顺利渡过难关，不断走向光明。正所谓"茝兰桂树，郁弥路只"。像一行行的茝兰桂树，浓郁的香气会在路上弥漫。简言之，知其曲而守其直。事情都只在人性里体现，关键要做到"致中和"，而"致中和"的关键在"慎独"。这一点在本书第二篇中的《"君子慎独"四论》中已有较详细的论述。

◈ 要勇于在逆境中锤炼

红军长征就是在挫折与失败中寻找重生希望的历史，是一段荡气回肠的逆境突围史。第五次反"围剿"失败后，红军开始长征。国民党反动派在红军长征的必经之路上设置了四道封锁线。湘江之战可以被称为长征过程中最惨烈的一战，红军由长征出发时的8.6万人，锐减为3万人。遵义会议重新确立了毛泽东的领导地位，这才有了四渡赤水、南渡乌江、抢渡金沙江、飞夺泸定桥和爬雪山过草地，实现了红一、红四方面军在四川懋功胜利会师。这时，红四方面军领导人张国焘反对中央的北上决定，他要另立中央。最后党中央率领红一方面军主力第一、第三军团北上，攻破天险腊子口，翻过了六盘山，终于在1935年10月到达陕北吴起镇。《剑桥中华民国史》对长征有这样一段评价："这次史诗般的逃亡跋涉了约六千英里，在两年的时间里，越过了十几座绵亘的大山、几十条河流。历史上几乎找不出可与其相比的意志战胜命运的其他事例，也再找不出一个更好的如此坚忍不拔而又是仓促决定的军事行动的例子。这就是奇迹，长征胜利的奇迹。"毛泽东曾讲："我还发现，人这一生经多大难，办多大事。"冲突和挑战会让你真正认清自己的抗压能力到底有多强，认清自己的优势和弱点是什么；更重要的是，冲突和挑战可以使你真正发现并提升自己的核心竞争优势，从而快速踏上一条成功的人生路。经历了冲突和挑战之后，自我认知也会发生根本性变化。你会发现你可以走以前根本不敢走的路，做以前根本不敢做的事，下以前根本不敢下的决心，取得以前根本不可能取得的成就。这就是人生的"奇点"。要坚信，你有多大的压力，你就能办多大的事。

◆ 要体悟逆境自有灵犀

有的时候，没有经历就没有体会，没有体会就没有坚持。电视剧《思美人》有这样一个情节：莫愁沦为阶下囚，彷徨无助的她在幻境中看到了自己的母亲——楚国前大楚巫。莫愁询问母亲自己应该怎么办，莫愁母亲对她说了一句诗："无情不若有情苦，莫道深闺画里愁。"不要轻言你懂画中的深闺中人的愁，只有久被困在深闺之中的人才知道那是什么滋味。《菜根谭》讲，草木绕零落，便露萌颖于根柢。正因为如此，逆境自有灵犀。首先，要善于体悟，洞悉冲突和挑战或逆境的本质，也就是要体悟事件的根本性质，即事件自身组成要素之间相对稳定的内在联系，坚持守正为要。特别要注意的是,由于事件本质自身中的矛盾,有时以假象的形式表现出来。其次,要善于体悟,找准事物发展的正确方向,保持"深固难徙,更壹志兮"的节操和志向,秉德无私、堂堂正正而参天地。最后,要善于体悟,积极推进事物发展,坚定信心,"张公两龙剑,神物合有时",古之名剑干将和莫邪总有可以相合的时候,那时自然就会天下无敌。

关于人生冲突和挑战的再思考

人心不如水,无风起波澜。人与人之间的关系问题最复杂、最难以把握。我在《关于人生冲突和挑战的思考》中提到,我的一位朋友讲,他受到他们单位一位同事匪夷所思的诬陷诽谤,但他没有受到任何伤害,因为他真的没有做一点亏心事,不仅没有辜负组织和领导的期望,而且工作成绩突出,公道正派,与人为善。他说这些的时候,我想起一句老话:"天地有正气,杂然赋流形。"白露无以戒,严霜也无申。对于纯属编造、子虚乌有的诬陷诽谤,以及由此引起的矛盾冲突,他根本没有当回事,超然于外,真够神的。人若的确清白,就像戈壁沙漠,没有寸草,白露、严霜这样的"天威"也无可奈何。正是由于他的确没有什么毛病,所以不管对方动用怎样的淫威,对他却始终没有什么可"申诫"的,自然他也没有什么可伤神的。他说,他确信时间能证明一切,所以他采取"退避三舍"之法,完全把自己当作旁观者,站在一旁"观戏",任由他们"折腾"。他还讲,他的那位同事和单位的那位领导天天焦头烂额、加班加点,研究各种应对这场矛盾和冲突的方案,而他却不管不问,照常上班、吃饭、睡觉、锻炼身体,一切如常，毫无影响，真正做到了"不管风吹浪打，胜似闲庭信步"。我突然意识到，当遇到人生大的波澜时，如何应对，是很值得研究和思考的问题。其中"退避三舍""画地为牢""请君入瓮"可谓不可不知。

"退避三舍"是大智慧

"退避三舍"，典出《左传·僖公二十三年》，"晋楚治兵，遇于中原，其辟君三舍"。毛泽东《在中国共产党第七次全国代表大会的口头政治报告》中说，"我和国民党的联络参谋也这样讲过，我说我们的方针：第一条，就是老子的哲学，叫做'不为天下先'，就是说，我们不打第一枪。第二条，就是《左传》上讲的'退避三舍'。你来，我们就向后转开步走，走一舍是三十里，三舍是九十里，不过这也不一定，要看地方大小。我们讲退避三舍，就是你来了，我们让一下的意思。"《在中国共产党第七次全国代表大会上的结论》中毛泽东在谈到国内形势时说："出了斯科比（英国人，1943—1944年任中东英军总参谋长，自1944年起负责准备和指挥英军武装干涉希腊，镇压希腊民族解放运动。战后于1946年回国），中国变成希腊。这种情况我们要用各种方法来避免，如果发生了，就采取有理、有利、有节的斗争方针。……我们的原则是三条：第一条不打第一枪，《老子》上讲'不为天下先'，我们不先发制人，而是后发制人。第二条'退避三舍'，一舍三十里，三舍九十里，这是《左传》上讲晋文公在晋楚城濮之战中的事，我们也要采取这样的政策。第三条'礼尚往来'，这是

《礼记》上讲的，礼是讲究往来的，'来而不往非礼也，往而不来亦非礼也'，你来到我这里，我不到你那里去，就没有礼节，所以我们也要到你们那里去。""退避三舍"，既是战略、策略，也是战术、战法。从战略、策略上考量，政治、经济、军事、外交、自然地理等方面的因素决定了"退避三舍"是积极的，不是消极的，它是以退为进，绝不是消极避战，更不是逃跑；从战术、战法上考量，"退避三舍"是不应该的，不可取的。薛庆超在《遵义会议确立毛泽东在中央领导地位的主要依据》中写道："延安整风运动以前，长期在中共中央机关工作的吴亮平曾经和毛泽东讨论过同'左'倾教条主义和宗派主义错误作斗争的问题。吴亮平回忆说：在延安时，我问毛主席反对'左'倾机会主义的斗争能否早些进行呢？毛主席说：怕不能，因为事物有一个发展的过程，错误有一个暴露的过程。如果早一两年，譬如说，第五次反'围剿'初期，虽然我们已经看出了教条主义的错误，但是他们还能迷惑不少干部和群众。如果那时进行反对'左'倾机会主义的斗争，那么党内会发生分裂。首先必须照顾革命大局。只有经过第五次反'围剿'战争和长征第一阶段的严重损失的反面教育，绝大多数干部的认识提高了，认识一致了，在这样的条件下，遵义会议才能瓜熟蒂落、水到渠成。"毛泽东在看《汉书·赵充国传》时讲："真理要人接受，总要有一个过程。无论在过去历史上，或现在。"由此可见，我的那位受到诬陷诽谤却能泰然自若的老朋友这一点做得很好。

◈ "画地为牢"势不可入

我的那位朋友对我讲，这件事中最为不可思议的是，诬陷他的人设各种各样的"局"，根据他在"局"中的位置和表现，来分析预测判断他们之间矛盾冲突的走向和胜算。而那位朋友说他根本就不是"卦"阵中人，怕什么？由之、随之，自由出入，"局"对他来说，形同虚设。我的那位朋友根本就不是"局"中人，那摆"局"的结果一定是"自摆乌龙"。后来，摆局之人的确难以收场。不管怎么说，人与人之间发生矛盾和冲突的确是难免的，有些人"画地为牢"。司马迁在《报任安书》中讲："猛虎在深山，百兽震恐，及在槛阱之中，摇尾而求食，积威约之渐也。故士有画地为牢，势可不入；削木为吏，议不可对，定计于鲜也。"的确，老虎在深山中是百兽之王，所有的动物看到它都会害怕，但等到老虎落入陷阱被捉住、圈在栅栏之中时，就只得摇着尾巴乞求食物，这是人不断地使用威吓和约束而逐渐使它驯服的结果。所以，冲突矛盾中的人面对"画地为牢"的事，决不能进入、决不能就范，面对削木而成的"假狱吏"，也决不能同他对簿公堂，就是要早有主意，事先就态度鲜明。司马迁认为，首先一个人最重要的是祖先不能受污辱；其次是自身不能受侮辱，包括言语、脸色、捆绑、穿囚服、戴脚镣、杖击鞭笞、剃光头、戴枷锁、毁坏肌肤、断肢截体等，最下等的是宫刑，侮辱到了极点。正因为如此，古书上讲："刑不上大夫"，就是讲为官之人要讲节操，万万不能不加以自勉。不能落得不仅自身受辱，还辱没祖先。

如果把"清者自清、浊者自浊"和"退避三舍"贯通起来，原来"画地为牢"竟然还有新解！抑或是特例。一是当事件突发，矛盾斗争的原因、性质不明的情况。就像我的那位朋友，刚开始他根本就"丈二和尚，摸不着头脑"。他根本不相信自己会遭到诬陷诽谤。

有一则故事说，晏子到晋国去，看见一个人反穿皮袄、背着草料在路边休息，认为他是位君子，就派人问他："你为什么落到这个地步？"那人回答："我被卖到齐国当奴隶，名叫越石父。"晏子马上解下左边的马，用马赎回越石父，用车子载着他同行。到了馆舍，晏子没有向越石父告辞就先进了门，越石父很生气，要求与晏子绝交。晏子派人回复说："我把你从患难中解救出来，对你还不可以吗？"越石父说："我听说，君子在不了解自己的人面前可以忍受屈辱，在了解自己的人面前就要挺起胸膛做人。因此我请求与你绝交。"晏子于是出来见他，并对自己刚才的言行表示悔过。这就是说，当事人在完全不了解事由的情况下是可以忍受屈辱的。

二是坚信矛盾只有通过时间的推移才能得到解决，且当下矛盾斗争双方力量根本就不在一个级别上的情况。比如我的朋友遇到的那样，"坏人"作恶，为了先弄清楚事情的"真相"，避免灭顶之灾，为了变被动为主动，作为权宜之计，明知"画地为牢"，亦可先"入"，"入"亦不可怕，是可行的。此乃"退避三舍"的引申之意，这是应对矛盾冲突策略的需要。《汉书·赵充国传》讲："战不必胜，不苟接刃。""先为不可胜以待敌之可胜。"《道德经》讲："将欲去之，必固举之；将欲夺之，必固予之。"在某种条件下，要想夺取和保存某种东西，必须付出一定代价，必须暂时放纵之,以等待时机,创造条件,最后战而胜之。三国时期,诸葛亮七擒七纵孟获,最后使孟获心悦诚服,从而平定了云南曲靖一带,成为尽人皆知的千古美谈。这里的"入"只是形式上的、战术上的、方式方法上的需要。

综上所述,面对"画地为牢"这样的人生冲突和矛盾问题时,"势可不入"是常态,思想上必须坚定,态度上必须鲜明,是极端重要的。若事发突然,当事者根本不知情,就需要弄清楚眼前的事实真相,如果矛盾双方力量过于悬殊,且坚信问题只有随着时间的推移,才能水到渠成、不攻自破而得到解决,那就"退避三舍"。在这种情况下,就可以打破常规,面对"画地为牢"而自由"出""入",不用在意对自己有什么样的影响,只有这样才能避免出现历史性悲剧。当然,这样做的前提是,在此过程中不能让自身受到过大的伤害。我有一年轻女同事,在一次讨论研究工作时讲:"不管是什么人什么事,错的对不了,对的错不了。"她很年轻,思想上有这种清醒的认识和富有原则性的素养,是非常难能可贵的。本身清白的人,即使他不说澄清自己的话,他也是清白的;本身不清白的人,即使他百般抵赖,他骨子里一定还是一个不清不白的人;一个人做了一件违法的事,无论他怎样变通、如何狡辩,违法的事实也不会发生改变,而且只会是越想变通、越想狡辩,就越暴露他违法的事实,正所谓"越抹越黑"。就是这样,面对外部环境的考验,有好的潜质的人自然就表现为好人,有不好的潜质的人自然就会往不好的一面发展。人或事物在一定的环境变化中,自然而然地将其本来的面目展现出来。所以,"没做亏心事,不怕鬼敲门"。在这种情况下,"画地为牢"终不可怕。

一言以蔽之，可以按照孔子讲的"非礼勿视，非礼勿听，非礼勿言，非礼勿动"。用仁、义、礼、智、信来守成，也是可行的。实际上这也是《道德经》讲的"仁者无敌、勇者无惧、智者不惑"，也是程颢《答横渠先生定性书》中讲的"君子之学，莫若廓然大公，物来而顺应"。心胸宽广，大公无私，遇到事情能坦然自如地应对。

当然，"廓然大公，物来顺应"，绝不是胆怯生畏、昏然求和，而是要伺机而动、因势利导，该出手时就出手。我的那位朋友后来对我讲，时间是最能说明问题的，历史能澄清一切；对方匪夷所思的诬陷诽谤，使他们成为单位里的笑谈，他们无法收场，只能每天觍着脸、装腔作势地来上班，心里有多虚、多愧，有多少罪恶感和无耻感，只有他们自己知道。旁观者也都心如明镜。在随后的几年里，他们都一直在费尽心思、绞尽脑汁试图抹平他们由此事而造成的烂摊子。

◆ "请君入瓮"不可轻用

"请君入瓮"与"画地为牢"有相似之处，但其本质又有不同。"请君入瓮"原本是讲：唐朝女皇武则天，为了镇压反对她的人，任用了一批酷吏。其中周兴、来俊臣两个人最为狠毒。他们利用诬陷、控告和惨无人道的刑罚，杀害了许多正直的文武官员和平民百姓。有一次，一封告密信送到武则天手里，内容是告发周兴的，说他与人联络谋反。武则天大怒，责令来俊臣严查此事。来俊臣心想，周兴是个狡猾奸诈之徒，仅凭一封告密信，是无法让他说实话的。"可万一查不出结果,皇帝怪罪下来,我也担待不起呀。"他冥思苦想,想出了一条妙计。他准备了一桌丰盛的酒席,把周兴请到自己家里。两个人推杯换盏,你劝我喝,边喝边聊。酒过三巡,来俊臣叹口气说:"兄弟我平日办案,常遇到一些犯人死不认罪,不知老兄有何办法?"周兴得意地说:"这还不好办!"来俊臣立刻装出很恳切的样子说:"哦,请快快指教。"周兴得意忘形,阴笑着说:"你找一个大瓮,四周用炭火烤热,再让犯人进到瓮里,你想想,还有什么事不招供呢?"来俊臣听着,连连点头称是,随即命人抬来一口大瓮,按周兴说的那样,在四周点上炭火,然后回头对周兴说:"宫里有人密告你谋反,上边命我严查。对不起,现在就请老兄自己钻进瓮里吧。"周兴一听,扑通一声跪倒在地,连连磕头说:"我有罪,我有罪,我招供!"来俊臣本身也是一个酷吏,他非常了解周兴的办案风格和特点,知道用自己的方法未必能办好武则天交给自己的任务,所以设了一个非常巧妙的局,让周兴自己布个局,然后再将他置于这个局之中。这可谓是"以其人之道,还治其人之身"的经典代表。在这个成语故事里,来俊臣极为巧妙地惩治了周兴。这既代替善良的人们实现了"惩恶扬善"的愿望,又警示了作恶多端的人小心将来落得自作自受的可悲下场。

从这个故事可以看出,"请君入瓮"是有条件的。前提是被请者要确实有罪,也就是周兴确实有与人联络谋反的事实;二是难证其罪——周兴是个狡猾奸诈之徒,仅凭一封告密信,无法让他说实话;三是需要演戏,引诱让他自己布局,然后"以其人之道,还治其人之身"。从这些条件可以看出,"请君入瓮"并非易事，需要慎之又慎。如果是屈打成招、弄虚作假、故弄玄虚的话，一定是搬起石头砸自己的脚，最后会臭名昭彰。所谓"挖坑"害人不可为也。为官者特别是高官切不可轻易用之，否则必将聪明反被聪明误，轻则难堪、毁誉，重则入罪入刑，更有甚者留一世骂名。战国时期，赵国赵王的宠臣郭开害死赵国名将廉颇和李牧，秦赵战争中秦国能够大获全胜，郭开真可谓功不可没。最终郭开被劫杀。"指鹿为马"故事的主人公、秦始皇身边的太监赵高，颇得秦始皇宠信，秦始皇死后，他联合丞相李斯发动沙丘政变篡改遗诏，立软弱无能的胡亥为皇帝，同时他还残忍地杀害了秦始皇的其他子女，最终赵高被子婴杀了。北宋著名的大奸臣蔡京，当时受宋徽宗赏识，官至丞相，他想方设法讨皇帝开心，搜刮钱财，贪得无厌，搞得社会经济混乱不堪，最终被流放，在被流放的路上因没人愿意卖给他东西吃而被活活饿死。陷害岳飞的秦桧，宋金战争时成了俘虏，暗中投靠了金人，后来他回归南宋，深得宋高宗信任，官至宰相。他建议宋高宗带领文武百官跪迎金国使臣；怂恿高宗罢免大将韩世忠的兵权；在岳飞节节胜利之际，强令其班师回朝，丧失了收复失地的绝佳机会，最终他在一片骂声中病死。明朝奸佞之臣魏忠贤，大字不识，靠溜须拍马平步青云，接管东厂，干涉朝政，自称"九千岁"，大肆迫害熊廷弼等忠良之臣，大兴酷刑，简直令人发指，最终畏罪自尽。由此观之，天道昭昭，任性运用"请君入瓮""画地为牢""作恶多端"，一定不会有好下场，这是被历史反复证明了的。

◆ 天下为公"允执厥中"

我的那位受到诽谤的朋友对我说,只要咱老老实实做人,清清白白做事,从来不做时俗工巧之事,就一定能够过得安心、舒心、静心。这是他的肺腑之言。

毛泽东在1956年9月10日中共八大预备会议第二次会议上讲:"我想同志们中间可能也有多多少少受过冤枉受过委屈的。对于那些冤枉和委屈,对于那些不适当的处罚和错误的处置,可以有两种态度。一种态度是从此消极,另一种态度是把它看作一种有益的教育,当作一种锻炼。"众所周知,毛泽东也曾多次面对人生低谷,但他始终以大局为重,服从组织决定,忘我工作。他讲:"一些吃过洋面包的人不信任,认为山沟子里出不了马克思主义。1932年开始,我没有工作,就从漳州以及其他地方搜集来的书籍中,把有关马恩列斯的书通通找了出来,不全不够的就向一些同志借。我就埋头读马列著作,差不多整天看,读了这本,又看那本,有时还交替着看,扎扎实实下功夫,硬是读了两年书。"面对挫折,毛泽东不仅没有消极沉沦,反而求知若渴。历来,贤德之士温柔而又刚强,不怕恐吓、威胁,坚定果敢,患难时能够守义不失,胸怀宽广不诋毁他人且心志非常高远。《菜根谭》里有一句名言:"心随境转则凡,心能转境则圣。"当面对人生矛盾冲突时,只要能用乐观的心态来代替内心的不安,那么一切的艰难险阻都会转化为成就人生的宝贵财富。

鲁迅先生说:"捣鬼有术也有效,然而有限,所以以此成大事者,古来无有。"《尚书·大禹谟》讲"人心惟危,道心惟微,惟精惟一,允执厥中"。坚持不偏不倚的"天下为公""执中致和"的守正原则,是破解"画地为牢"和"请君入瓮"之局的关键。人心再危险再难安,道心再微妙再难明,只要精心体察,专心守住底线,始终坚持正确的主张,笃行不怠,就一定能安然度过激流险滩,逢凶化吉。王阳明在《传习录》中讲:"事变亦在人情里,其要只在'致中和','致中和'只在'慎独'。"所有的事变都体现在人情里,关键要在人情事变中不走极端,保持"中正平和"的心态。要做到中正平和,关键就在于"慎独"。只要自己能够做到无愧于心,自然就会心胸安泰。

总而言之,坚持真理、正义,坚持"天下为公""允执厥中""执中致和",即使遇到不测之事也能逢凶化吉、化险为夷,加上丰富的人生阅历,增长见识、才干和能力,方能成大事。

"聪明一世，懵懂一时"与"有志者事竟成"

  人的一生中总会遇到这样那样的矛盾和冲突，有时矛盾冲突很激烈、很尖锐，甚至要到你死我活的地步。其中，有的矛盾冲突匪夷所思，像晴天霹雳、鬼使神差。在前面《关于人生冲突和挑战的思考》和《关于人生冲突和挑战的再思考》中提到，我的一位朋友受到他们单位一个同事匪夷所思的诬陷诽谤，并且"诬陷诽谤"这件事还得到他们单位一位领导的支持。诬陷诽谤之人后来说，都是那位支持他的领导让他讲的。那位朋友讲："坏事是自己干的，现在又到处散布是领导让讲的，好像自己没有责任，即使领导真的让你那么讲，那你自己在其中起了什么作用？你为什么没有是非曲直的判断呢？为什么他让你干什么你就干什么呢？简直是无耻之尤！"可是，那位领导为什么会支持"诬陷诽谤"这种事呢？下面我们用"聪明一世，懵懂一时"与"有志者事竟成"来探讨一番。

◆ 聪明一世之人也会懵懂一时

聪明的人乃至古代明君、圣人、贤臣都会犯错误,这是不争的事实。隋末唐初将领李君羡,洺州武安(今河北省南部、太行山东麓武安县)人,跟随秦王李世民作战,大破宋金刚,攻打王世充,拜秦王府马军副总管。后来,破窦建德、刘黑闼,颇有功勋。唐太宗李世民即位,授左卫中郎将,后李君羡联合尉迟敬德击破突厥,迁左武侯中郎将,封武连县公,驻防玄武门。李君羡历任兰州都督、左监门卫将军,贞观八年(634年),跟随段志玄讨伐吐谷浑,在青海之南悬水镇大破吐谷浑军队,虏牛羊二万余头还朝。当时,太白星屡现于白昼。史官占卜认为是女皇登基预兆。民间又广传《秘记》中所言:"唐朝三代之后,女主武王取代李氏据有天下。"李世民对此深恶痛绝。贞观二十二年(648年),宫廷宴请诸位武官,行酒令,要求讲各自小名。李君羡自称小名"五娘子",李世民闻之一惊,遂掩饰笑道:"你既为女子,为何如此雄健勇猛?"李君羡官职(左武卫将军)、封号(武连县公)、属县(武安县),皆有"武"字,小名又为"五娘子"。李世民对此甚为疑忌,遂革其禁军职。随后,李君羡外任华州刺史,华州当地民风崇尚修炼辟谷术,有个布衣名叫员道信,自称能够不进饮食,通晓佛法,李君羡非常敬慕相信他,多次与他形影相随,窃窃私语。御史借机弹劾李君羡与妖人勾结,图谋不轨。贞观二十二年(648年)六月十三日,李君羡因卷入"女主武王代有天下"的谣言,被定罪处斩,全家被抄没,无端冤死。

战国时,宋国人、哲学家惠子(惠施),是庄子的好友。惠子在梁国做国相，庄子去看望他。有人给惠施进谗言，说："庄子到梁国来，是想取代你做宰相。"惠施非常害怕，他派人在国都搜捕了三天三夜，没有搜到。后来，庄子前去见他，说："南方有一种鸟，它的名字叫鹓鶵，你知道吗？那鹓鶵从南海起飞，要飞到北海去；途中，非梧桐树不栖息，非竹子所结的子不吃，非甘甜的泉水不喝。有一次正好鸱鹰拾到一只腐臭的老鼠，鹓鶵从它面前飞过，鸱鹰看到，仰头发出'喝！'的怒斥声（它担心鹓鶵会抢它那只腐臭的老鼠）。难道现在你也想用你的梁国相位来威吓我吗？"鹓鶵为古代传说中凤凰一类的鸟，习性高洁，庄子将自己比作鹓鶵，将惠子比作鸱鹰，把功名利禄比作腐鼠，表明自己鄙弃功名利禄的立场和志趣，指责惠子为保住官位而偏狭猜忌的心态，特别是庄子把鸱鹰吓鹓鶵的情景刻画得惟妙惟肖，生动地展现了惠子因怕丢掉相国的官职而偏狭猜忌的丑态。

事实上，历史上大的冤假错案不胜枚举。比如：汉景帝因心中不满而杀周亚夫、曹操因名重而杀孔融、晋文帝因卧龙而杀嵇康、晋景帝因名重而杀夏侯玄、宋明帝因族大而杀王彧、齐后主因谣言而杀斛律光、武后因谣言而杀裴炎、唐高宗不分青红皂白赐名将盛彦师死、唐高宗听信里通突厥谣言杀刘世让并抄没其全家，等等。以上这些案件，包括唐太宗仅凭马路谣言"当有女武王者"，以此冁杀死大臣李君羡，"世皆以为非也"（北宋苏轼语），都是冤假错案。

现实生活中，因个人工作竞争、上位嫉妒、经济利益、男盗女娼、贪赃枉法，进而由此形成的小集团的政治、经济、生活等非法利益，以及狼狈为奸、助纣为虐、诬陷诽谤、打击报复、无端排挤、欺上瞒下等现象；加之还有因信息不对称，相互之间误会、误解、误告、误判、误斗等，导致上访、喊冤、叫屈者屡见不鲜。毛泽东1936年在《辩证法唯物论教程》中批注："物必先腐也，然后虫生之，人必先疑也，然后谗入之。"也就是说人相信谗言，必是生疑在先。为什么生疑，进而相信谗言、造成冤假错案？分析起来存在以下三种情况。一是聪明一世，懵懂一时——聪明的人一时头脑不清楚或不能明辨是非，进而听信谗言，从而造成冤假错案；二是有怨于人，心存怵惕——做事辜负了人，就会因心里有鬼而恐慌，风声鹤唳、草木皆兵，进而听信谗言，从而造成冤假错案；三是违纪违法，怕见阳光——干了见不得人的事，发现有破绽，担心事情败露，进而听信谗言，行霹雳手段，不管三七二十一，"宁可我负天下人，不可天下人负我"，造成冤假错案。正如明代理学家王阳明在回答他的学生陆澄提出的"有人夜怕鬼者奈何？"时讲："只是平日不能集义而心有所慊，故怕。若素行合于神明，何怕之有？"（《传习录·陆澄录》）平日里不积累善心，心中有愧，才会怕鬼。如果平时的行为问心无愧，有什么害怕的呢？因为后两种情况不是本文分析的重点，在这里不作展开。需要特别说明的是，有的人通过所谓的"法""术""势"，搞陷害诽谤、拉拢打压，为所欲为，使整个势力体系服膺于己，并由此制造各种各样的冤假错案，这些手段往往不易被人戳破，很难得到治理。《伦理学原理》中讲："暴君之所以为暴君，蔑视风俗习惯而破坏之，徒以自肆其情欲，将以专有乐利而擅握政权也。""苟有一社会焉，为奸佞者所把持，则其间正人君子，必不为人所敬爱，而转受轻蔑凌暴之待遇。"这种情况说到底是礼义廉耻四维不张，这种人寡廉鲜耻、胡作非为，而且还很难治理。如唐朝宰相李林甫之流，这种人是典型的大奸似忠、大恶似善。如果出现这种情况，那这个组织则是表面光鲜、内部混乱，人人自危，怨声载道，纲维横决，风气坏极。

"聪明一世，懵懂一时"这种现象说明，聪明的人一时头脑不清楚或不能明辨事物，是社会生活中不可避免的常有之态。明代理学家王阳明在《传习录·陆澄录》中讲："故有迷之者，非鬼迷也，心自迷耳。如人好色，即是色鬼迷。好货，即是货鬼迷。怒所不当怒，是怒鬼迷。惧所不当惧，是惧鬼迷也。"是说一个人有怕的心理，就是此人心术不正的表现。清朝康熙讲："谶纬之说本不足据，如唐太宗以疑诛李君羡，既失为政之体而又无益于事，可为信谶者之戒。"这段话提示人们，在处理人与人之间的关系时，不可轻信"谶纬之说"，不可听信谗言，更不可疑心过重而误判，疑心过重就会被心存不善之人利用。单靠"戒"是很难完全"戒"掉的。古人讲："专听生奸，独任成乱。"因为"专听""独任"，致以"小人日进"，"良佐自远"，必然会出现混乱。但是，要避免"专听""独任"，依然有很多的路要走，有很多的工作要做。

◆ 如何避免"懵懂一时"

如何避免"聪明一世，懵懂一时"，需要深入研究、分析和探讨。

众所周知，战国后期，赵国国君赵孝成王要拜纸上谈兵的赵括为将。赵国相国蔺相如讲："括徒能读其父书传，不知合变也。"蔺相如认为，赵括不能担此重任，不能让他挂帅。赵括的父亲赵奢也早就讲过："兵，死地也，而括易言之。使赵不将括即已，若必将之，破赵军者必括也。"赵括的母亲讲："始妾事其父，父时为将，身所奉饭饮而进食者以十数，所友者以百数；大王及宗室所赏赐者，尽以予军吏，受命之日，不问家事；今括一旦为将，东向而朝，军吏无敢仰视之者，王所赐金帛，归藏于家；而日视便利田宅可买者买之。父子异志，愿王勿遣。"认为赵括不能担此重任，反对让他挂帅将兵。当时，赵国的敌人秦国也知道赵括不能担此重任，所以使出反间之计，故意做出畏惧赵括如猛虎的姿态，放出种种"最怕是赵括"的传言，迷惑赵国上下。赵孝成王坚持要用赵括。赵括赴任后轻率出击，深通谋略的史正等八名义士，向赵括进谏，赵括不听，反而扔掉谏书，把众义士轰走。当赵括率兵出击时，史正等义士又冒死拦路进谏，并斥责赵括有头无脑，要赵军要么回营固守，要么从他们身上踏过。赵括暴怒，拔剑尽斩义士（后人于拦路进谏处立"八义士谏赵处"石碑，改村名为"八义镇"，今属山西长治市）。司马迁《史记·廉颇蔺相如列传》记载："赵括既代廉颇，悉更约束，易置军吏。秦将白起闻之，纵奇兵，佯败走，而绝其粮道，分断其军为二，士卒离心。四十余日，军饿，赵括出锐卒自搏战，秦军射杀赵括。括军败，数十万之众遂降秦，秦悉坑之。"可以说，人人皆知赵括不能将兵，唯独赵孝成王不知，人人皆知让赵括将兵，赵军必败，唯独赵孝成王不晓。反对赵括挂帅的人不少，包括"知子莫如母"的赵母和国之所倚的相国蔺相如，但赵孝成王不听。"聪明一世，懵懂一时",不可思议!就像我的那位受到诬陷诽谤的朋友,他们单位的那位领导偏听偏信。当我听到我的那位朋友讲了发生在他身上的故事时,我的第一个反应就是那位领导真可谓是"赵孝成王第二"。当然,前提是他们单位的那位领导真的是"聪明一世,懵懂一时"。

我们怎样才能少犯错误,或者不犯大的错误呢?

首先,要坚持正确的思想方法和工作方法。坚持"实践,认识,再实践,再认识"这一唯物辩证法的认识论。1947年2月7日,陈云在《怎样才能少犯错误》的讲话中,提出了"交换、比较、反复"的思想方法和工作方法。所谓"交换",就是互相交换正反两方面的意见,"兼听则明,偏信则暗",目的是全面客观地认识事物。所谓"比较",目的是更好地判断事物的性质。在陈云看来,"不经过比较,就看不清事物已经发展到什么程度,它的要害和本质是什么""一经比较,就能够对事物认识得更清楚、更深刻",也就更容易做到实事求是。所谓"反复",就是决定问题时不要太匆忙,要留一个反复思考、斟酌决定的时间。交换和比较都是认识事物的过程,反复既是认识事物的过程,也是实践的过程,是检验是否正确认识事物的标准之一。在决定了对策之后,不要急于去执行,应该再找反对的意见"攻一攻",反复斟酌一下,以"使认识更正确"。陈云指出,要通过实践反复修正认识,凡是正确的,就坚持和发展;凡是错误的,就及时加以改正。这样,"就可以不犯大的错误"。可以说,这一方法本身是实践(交换:调查研究并广泛听取各种意见)——认识(比较:判断事物性质后做出决策)——再实践、再认识(反复:在实践过程中进一步巩固和修正认识)马克思主义认识论的生动体现。陈云认为,"交换、比较、反复"三条要求都达到了,就能"比较全面地认识客观事物,避免某些片面性,做出比较正确的决策,比较好地做到实事求是"。只要能做到这三条,基本上就可以"少犯错误"和"不犯大的错误"。

1945年7月,黄炎培到延安,谈到"其兴也勃焉,其亡也忽焉",称历朝历代都没有能跳出兴亡周期律。毛泽东表示:"我们已经找到新路,我们能跳出这周期律。这条新路,就是民主。只有让人民来监督政府,政府才不敢松懈。只有人人起来负责,才不会人亡政息。"民主(democracy)源于古希腊语demos,从其字面上来看,代表着由人民统治,即"人(全)民做主"。而与民主相对的,是寡头政治和独裁政治,在这两种制度下,政治权力是高度集中于少数人的。大到一个国家,小到一个地区、一个单位或一个部门,独裁者掌权,"懵懂一时"的冤案错案必将无法避免。更有甚者,可能造成内乱。像晚年梁武帝萧衍,刚愎自用,听不得不同意见,"小人日进,良佐自远,以至灭亡"。只有真正建立并切实实施民主制度,才能有效避免出现冤假错案,才能有效避免人亡政息的局面,才能形成良好的政治生态,形成既有集中又有民主、既有纪律又有自由、既有统一意志又有个人心情舒畅的生动活泼的政治局面。

人民民主是中国共产党始终高举的旗帜。党的十八大以来,以习近平同志为核心的党中央不断深化对民主政治发展规律的认识,提出全过程人民民主的重大理念,中国式民主正迈向"全链条、全方位、全覆盖""最广泛、最真实、最管用"的更高境界,把反映人民愿望、体现人民利益、维护人民权益、增进人民福祉落实到实现民主的各领域各环节全过程,通过各种途径和形式充分保障人民当家作主,开启了我国社会主义民主政治建设新征程。与此同时,加大对"一把手"的监督,在全面从严治党的背景下,各种制度机制也日益完善。2016年1月12日,习近平总书记在第十八届中央纪律检查委员会第六次全体会议上讲话时强调:"坚持民主集中制是强化党内监督的核心。当前,党内集中不够和民主不够的问题同时存在。有的软弱涣散,我行我素、各行其是,党的路线方针政策落实不到位;有的独断专行,搞家长制、'一言堂',个人凌驾于组织之上,党内民主得不到充分保障,领导干部特别是一把手的权力受不到有效制约。不能'你有你的关门计,我有我的跳墙法'。"2021年3月,《中共中央关于加强对"一把手"和领导班子监督的意见》(下文简称《意见》)印发。《意见》明确指出,把对"一把手"的监督作为重中之重,强化监督检查。"一把手"被赋予重要权力,担负着管党治党重要政治责任,必须以强有力的监督促使其做到位高不擅权、权重不谋私。《意见》提出:要突出对"一把手"的监督,将"一把手"作为开展日常监督、专项督查等的重点,让"一把手"时刻感受到用权受监督。要加强对下级党委(党组)"一把手"贯彻执行民主集中制情况的监督检查,防止出现搞一言堂甚至家长制的现象。习近平总书记在中国共产党第十九届中央纪律检查委员会第六次全体会议上的讲话中指出:"一百年来,党外靠发展人民民主、接受人民监督,内靠全面从严治党、推进自我革命,勇于坚持真理、修正错误,勇于刀刃向内、刮骨疗毒,保证了党长盛不衰、不断发展壮大。"

❖ "有志者事竟成"

"聪明一世，懵懂一时"者大有人在，作为当事人，如何对待和处理这样的矛盾和问题呢？毛泽东在一次谈话中评说："老实人，虽然历经磨难，只要敢于坚持实事求是，坚持原则，敢于斗争，问题终会弄清，冤案终能昭雪。"(《缅怀毛泽东》)公元691年，李君羡家属向当时的皇帝武则天诉冤。武则天为了证明自己有天命，下诏追复李君羡官爵，追赠左骁卫大将军、太州刺史、武昌郡公，以礼改葬在武安县"得意里"。历史上为冤假错案平反昭雪的案例不胜枚举。"像古代人拘文王，厄孔子，放逐屈原，去掉孙膑的膝盖骨那样……人类社会的各个历史阶段，总是有这样处理错误的事实。"(《在扩大的中央工作会议上的讲话》)1959年8月，毛泽东在庐山会议讲话时说，秦始皇、曹操，现在已恢复了名誉。纣王被骂了三千年了。好的讲不坏，一时可以讲坏，总有一天恢复；坏的讲不好。(参见《毛泽东论中国历史人物》)

"人在家中坐，祸从天上来"，人生有很多意想不到的矛盾冲突和灾祸，必须勇于面对。俗语说："井无压力不出油，人无压力轻飘飘。"矛盾冲突下压力最大的时候，往往是人生感悟最多、磨砺最深的时候，也是人生最精彩的时候。它会使你从中发现和认识人生许多的奥秘和真谛。"生老病死、悲欢离合，幸福的、悲惨的、成功的、潦倒的，人生的种种经历，无一不在启发我们觉悟。""对这样如珍宝一般的人生，它的启示，它所创造的机会，我们常常因为忙乱而无暇去领会、利用和珍惜。"(《次第花开》)

人生能办多大事，也如榨油一样，压力越大，榨出的油越多。电影《祈祷、美食和恋爱》中讲："'探索物理学'，一种犹如地心引力一样控制世界的真实力量。探索物理学的法则是这样的：如果你有勇气放弃熟悉的一切，包括你的家、痛苦、陈旧的怨恨，开始一段寻真之旅，无论是内在的还是外在的，如果你真的把经历的一切看作是一种启示，如果你把一路上遇见的所有人都当成导师，最重要的是，如果你准备好去面对，原谅自己很难接受的一面，那就没有什么能阻止你找到真理。"而这种境况和作为往往是在巨大压力下达成的。《史记》《资治通鉴》那样的不朽著作，就是司马迁、司马光两个人在政治上不得志的境况下编写的。人受点打击，遇点困难，未尝不是好事。清朝林则徐在《赴戍登程口占示家人二首》中讲："谪居正是君恩厚，养拙刚于戍卒宜。"无疑是很有道理的。我的那位受到诬陷的朋友告诉我，他除了一如既往地把自己的工作干好，还利用业余时间阅读了大量书籍，已出版了诗集、杂文集。我认真读了，颇有见地，称赞他："收潦而水清，吐气作霓虹。"他经历那场狂风暴雨后，浊水退尽而且变得异常清澈，写出的文字也颇具光彩。有志者事竟成，虽说这是当事者无奈之举，是智者不愿虚度人生从而另辟蹊径寻求的精进之道，但也的确可以成就更加光彩的人生。

狐群狗党

人与人之间的关系问题最复杂、最难以把握。中国古代官场总存在搞团伙、结党营私、拉帮结派、培植个人势力等问题,即朋党问题。毛泽东在延安时在一次讲话中指出:"中国历朝以来的政治路线和组织路线,有两条,一条是正当的,另一条是不正当的。如果朝廷里是贤明皇帝,所谓'明君',那就会是忠臣当朝,这就是正当的,用人在贤;昏君,必有奸臣当朝,是不正当的,用人在亲,狐群狗党,弄得一塌糊涂。""狐群狗党"一词直指朋党本质属性,可谓一针见血。

◈ 狐群狗党实为利益集团

世间固然有黑白是非,但更多的是利害得失,就算大家都有为国的公心,却没有哪个能没有私欲、不讲私情,不管是因公因私,物以类聚、人以群分,最终都逃不掉党同伐异。朋党之害的确祸国殃民。中国传统社会提倡礼仪教化,重"德治"而轻"法治"。在生活中,见利起意或见利忘义,突破道德底线,钻制度的空子是常有的事。有的人在办差过程中，为压制甚至打击政敌，使个人利益或集团利益最大化，自然而然会利用各种关系，结成各种利益集团，从而形成各类"朋党"。结党是常事，发生朋党之争也是常事。东汉的党锢之祸、唐代的牛李党争、宋代的元祐党案、明代的东林党案就是极有代表性的典型案例。这种党派门户之争，不能说全无清浊是非之分，但互相攻伐的结果，往往是敌对的双方都难免意气用事，置国家社会利益于不顾，使政局变得日益混乱，政治变得越发腐败。狐群狗党与朋党在概念上有细微差别。朋党可能还存在所谓的"清浊是非之分"。而狐群狗党，也叫狐朋狗党，则专指一帮坏人勾结在一起，拉关系、找靠山、攀龙附凤、投机钻营、党同伐异、贪赃枉法。

狐群狗党捣鬼有术有效

狐群狗党惯于搞人身依附，唯唯诺诺、阿谀奉承，任人唯亲、培植亲信，排除异己、党同伐异，顺我者昌、逆我者亡，贪赃枉法、为所欲为。他们明目张胆拉关系、找靠山、攀龙附凤、投机钻营，建立各种"关系群"，称兄道弟、投其所好，攒人脉资源、分亲疏远近；搞派别之争、门第之见，封官许愿、投桃报李，将人与人之间的关系变成了利益关系。"狐群狗党"政治品行恶劣，他们恣意匿名诬告，或者制造其他谣言，甚至公开诬陷诽谤，对上不忠诚不老实，表里不一，阳奉阴违，欺上瞒下，搞两面派、做两面人，干一些违背职业道德和良知的荒唐事，自以为无人知晓，又有人撑腰，便可扮演两面人了。当"狐群狗党"发展为黑社会性质组织时，其作恶行为就会具有暴力性、组织性、经常性。鲁迅先生讲过："捣鬼有术也有效，然而有限，所以以此成大事者，古来无有。"

❖ 狐群狗党抱团腐败

唐朝杜牧，因不参与朋党，不得重用，长期出任黄州、池州等地刺史；李商隐，因受朋党牵连和排挤，一生困顿失意。"狐群狗党"结党营私、拉帮结派的表现形形色色、五花八门。常言道："庙小妖风大，池浅王八多。""狐群狗党"的作为，严重破坏团结，败坏官场形象，导致组织涣散，国法失尊，腐败滋生蔓延，政治生态污染。"深池大庙"往往有相对完善的制度和组织体系架构，相对而言"狐群狗党"较难存活；越是狭隘、偏远、监督不到位的"小庙浅池"，"狐群狗党"越易滋生。一些人热衷于搞团伙、拉帮结派，看上去是同窗、老乡等关系结成的"铁哥们"，实则是以利益为核心、以权力为纽带、以谋利为目的，搞权权交易、权钱交易、权色交易、利益输送，抱团腐败。

❖ 消弭狐群狗党难度极大

任何一个人再聪明再仁慈，因为有情有欲，若无任何约束，终将因情生痴，因欲生贪，甚至因仁而放松了规矩礼仪。中国传统社会历朝都会对前朝"朋党"问题进行辨析，深刻认识其危害，而且对当朝"朋党"问题也特别敏感，有的朝代还采取极为严厉的措施铲除朋党，如唐昭宗时，"尽杀朝之名士，或投之黄河"。但往往为了皇权永固、朝政清明的动机，结果却适得其反。有时朝局不仅难以因打击朋党而得到扭转，反而因"按倒葫芦起来瓢"的效应而更加腐烂下去。有时当权者神经过敏，到处捕风捉影，无中生有，诬陷好人，无限上纲，甚至拿"朋党"作为整人的幌子，弄得满朝杯弓蛇影，人人自危，其结果往往是君子道消小人道长，君子遭殃小人得志。宋仁宗庆历四年（1044年），主张改革的范仲淹推行新政，以吕夷简、夏竦为首的保守派极力反对改革、反对新政，采取的策略就是诬蔑范仲淹和欧阳修、尹洙、余靖等人结为"朋党"。任你如何清白，只要被戴上"朋党"的帽子，就万事休矣。为此，欧阳修作《朋党论》剖白自证，予以回击。但他所提出的"君子朋"与"小人朋"、"真朋"与"伪朋"的问题，及君主"只要能斥退小人的假朋党，进用君子的真朋党，那么天下就可以安定了"的建议，"朋党"真伪，实在是太难辨识、太难把握了，虽然富有想象力，但缺乏可操作性。故历史上对《朋党论》响应者寥寥，几乎无人应和。《资治通鉴》中讲："礼义廉耻，国之四维；四维不张，国乃灭亡。"清朝雍正皇帝曾讲，治国就是治吏。如果臣下个个寡廉鲜耻，贪得无厌，而国家还无法治他们，那天下非大乱不可。历来贤德之士不偏私不结党。历朝历代对"狐群狗党"结党营私、拉帮结派都决不姑息妥协、听之任之，都是用重拳铁腕彻底铲除。

"6·29"反劫机亲历记和意外收获

2012年6月29日,GS7554航班从新疆和田飞往乌鲁木齐。飞机自和田机场起飞后,刚一进入平飞,就在空中遭遇6名暴徒的暴力劫机。在这架航班上,有我们从北京来新疆调研的调研组一行7人和新疆维吾尔自治区陪同调研人员2人。

◆ "6·29"反劫机亲历记

从新疆和田飞往乌鲁木齐的GS7554航班,头等舱有两排,每排3个座位,包括过道左侧1个座位、右侧2个座位(面向驾驶舱方向,以下同);经济舱每排4个座位(过道两侧各2个座位)。当时,我坐在该航班经济舱左侧第二排靠窗位置,正聚精会神地透过飞机舷窗下视和田美景,飞机起飞后经过转弯很快进入塔克拉玛干沙漠上空。飞机刚一进入平飞,突然机舱里传来极为嘈杂的声音,当我从飞机舷窗扭过头来的瞬间,看到的是身边机舱过道上一群雕塑般向前冲的人。他们叫嚷着向头等舱冲去。我立刻意识到发生劫机事件。坐在我身边的是我们调研组的一位年轻女同志,她发出了恐惧的尖叫,我迅速用低沉但严厉而坚定的口气说:"不要叫!"

暴徒一下子冲进了头等舱。由于飞机头等舱与经济舱中间有机舱隔板,隔板中间过道门挂有布帘,暴徒冲进头等舱后的情况我不得而知。后来,听坐在头等舱的调研组的同志讲:暴徒冲进来后,他们先是想打开飞机驾驶舱的门,但打不开;紧接着他们想打开飞机机舱门,仍然打不开;紧接着他们叽里呱啦不知说些什么,就见他们拿出一个物件并想点燃它。就在此时,一位坐在头等舱里的乘客突然站起来,一巴掌将暴徒手中试图点燃的物件打掉。暴徒随即用手中所持的金属管对该名乘客一顿暴打,坐在头等舱的调研组的那位领导同志喊叫着:"不要打了!"并试图阻止,也被暴徒攻击。紧接着,坐在头等舱的另一个乘客和机组安保也开始与暴徒搏斗。

就在上述搏斗进行的同时,我悄悄解开了安全带、取下眼镜,把眼镜递给我旁边那位年轻女同志,并让她到后面座位上去,我移位坐到靠近中间过道的位置上。紧接着,一名暴徒从头等舱返回,站在头等舱与经济舱隔板处,面向经济舱乘客,手里挥舞着金属管,嘴里大声呵斥着,好像是让大家都不要动。当时,经济舱左侧第一排靠窗位置坐着一位三四十岁的中年妇女,她旁边的座位是空的。我突然从座位上站起来,两手紧紧地抓住这个站在我面前的暴徒的头发,用力将他的头按在第一排我正前面的空座位上,我身边的乘客开始站起来围打暴徒。暴徒被我死死地按着头,弯着腰站着,他用尽全力想摆脱我的按压,我感到暴徒的整块头皮就要被拽掉了,但他仍在拼命挣扎。

在此紧急时刻，我看到了我们调研组的一位年轻男同志直直地在我旁边傻站着，我冲他大喊一声："××，快上啊！"他才恍然大悟！

就在这时，我听到头等舱里有人喊："快来人支援！"

围打这名暴徒的乘客一下子全跑去头等舱了。

此时，我仍在死死地按压着这名暴徒，使他无法站起身来。情况很危急，我扭头面向经济舱，大喊一声："快来人支援哪！"正好看到原本坐在我旁边的调研组的那位年轻女同志，她正坐在经济舱大概5排或6排左侧靠过道位置上。后来，我听她讲，在我向经济舱喊话后，她马上动员她身边的乘客，特别是男士们，起来加入同暴徒的搏斗。

当我扭回头的时候，看到了那位三四十岁中年妇女在第一排靠窗位置，也就是在被我按压着的这名暴徒右侧边上蹲着，一动不动。我冲她大喊一声："快帮忙啊！"那位中年妇女突然起身用力侧推暴徒，由于我在按压着暴徒的头，这一推使他一个旋转仰卧在经济舱右侧第二排靠过道的位置上。

此时，坐在后面的乘客也围了上来，把暴徒死死地按在座位上，一边围打，一边喊着："快把他的鞋子脱了！""快拿腰带把他的腿捆住！"有人拿着一根金属管猛打暴徒，鲜血溅到了周围人的衣裤和旁边的机舱上，机舱顶上也沾了很多鲜血。后来，才发现那位暴打暴徒的人是我们调研组中另一位年轻男同志。

在同暴徒搏斗的中后期，航班乘务员开始反复广播，大意是：大家要保持高度警惕！飞机正在返回和田机场！飞机马上就要到和田机场了！我回坐到经济舱左侧第二排靠过道的座位上，从地上捡起乘客搏斗时掉落在地上的眼镜和手表。

这时,有人对我说:"这个也给你吧!"他把一名暴徒试图点燃的物件递给了我,我接了过来,紧紧地握在手中。

机舱中的乘客和乘务员都在不停地叫喊:"大家不要放松警惕!""要坚持到最后!""大家一定要保持警惕!""飞机马上就要降落了!""我们马上就胜利了!""大家再坚持一会儿!"

当我回过神来的时候,我突然对紧握在手中的物件心有余悸,担心它会不会爆炸。但我在心里安慰自己:我在军校学习过,炸药不是轻易就能爆炸的,慢慢地心情有所平静了。这时,我才发现我的两只胳膊均已受伤,鲜红一片,衣服隐隐浸血。

当飞机飞临机场的时候,我看到机场上布了很多士兵、警察、防暴人员,停了很多消防车、救护车,真是一幅完全的战时场景!我心里很是振奋,很是欣慰!

当飞机在和田机场着陆的一刹那,机舱里的乘客不约而同地齐声高呼:"我们胜利了!"掌声经久不息。

飞机着陆后滑行的过程中,乘务员反复喊话,让大家坐在座位上不要动,等什么时候通知让大家下飞机时再下飞机。

飞机停稳后,过了一会儿,上来了一些穿"便衣"的人员,走在最前面的人进到经济舱一眼就看到我手上拿着的暴徒试图点燃的物件。

他喊了一声:"他手上有炸药!"

只见他们立即在过道上蹲下,然后很快地又站了起来。对我说:"把那个东西给我!"

我说:"你是什么人?"

他说:"我是警察!"

他立即从上衣口袋里掏出证件、翻开证件,递到我的眼前。因为我是高度近视,当时没有戴眼镜,所以看不清楚。证实他是警察后,我把手里拿着的物件和手表、眼镜交给了他。

上来的人把暴徒一个个地带了下去。

随后乘务员开始播音,让乘客开始下飞机。

我一走下舷梯,就对旁边的一个警察说:"乘客中可能有指挥劫机的头子,没有露面,请严查!"

他说:"好的!"

我向前走了一小段路,那个警察会同一个可能是领导的警察把我叫到一旁,问我:"有什么征兆让你发现乘客中还有没有暴露身份的暴徒?"

我说:"我没有发现什么征兆,但因为我当过多年兵,凭我的经验判断,可能有一名指挥劫机的暴徒没有露面。"

他们说:"好的,知道了。"

在警察的引导下,机组人员和乘客回到了候机室。当我来到候机大厅的时候,只见候机大厅四周站满了手持冲锋枪的防暴人员。工作人员让大家找位置坐好。医务人员为受伤者检查和处理伤口,警察开始一一查验证件,警犬则围着乘客和行李嗅来嗅去。其间,警察让一名乘客面墙壁而立,双手贴墙高高举起,经搜查后带走。

在这次反劫机过程中,调研组另一位女同志也表现得很勇敢,她用随身携带的小手包砸暴徒,包内的相机也丢失了,当时没有找到。不知事后有没有找回。

后来得知,共有6名暴徒参与暴力劫机,其中一名暴徒装作残疾人,挂着双拐登上飞机。在飞机上,他们将两副拐杖拆开,就成了劫机用的武器。由于暴徒手持金属管,很多乘客在反劫机行动中受伤了。

据事后调查,这是一起以劫机为手段的极其严重的暴力恐怖事件。

据民航局当日报道,2012年6月29日,天津航空公司E190/B3171号飞机,执行GS7554航班从新疆和田飞往乌鲁木齐的任务。飞机于12时25分自和田机场起飞,12时31分——飞机起飞后的第6分钟,在空中遭遇6名暴徒的暴力劫持。机上共有乘客92人,机组成员9人。9名机组人员沉着冷静,处置果断,在旅客的协助下制伏了劫机暴徒,飞机于12时47分安全返航降落和田机场,成功挫败了一起暴力恐怖劫机事件,保障了国家安全和人民群众生命财产安全,避免了一起劫机乃至机毁人亡的重大事件发生。

公开报道称:在事件处置过程中,飞行机组坚决果断、指挥有力,安全员和乘务员英勇无畏、舍生忘死,乘机旅客临危不惧、挺身而出,2名安全员、2名乘务员和多名旅客在搏斗中负伤,展示了大无畏的革命英雄主义和集体主义精神,谱写了一曲荡气回肠的时代赞歌。新疆维吾尔自治区党委、新疆维吾尔自治区政府联合发文,授予我和调研组的其他4位同志"'6·29'反劫机勇士"荣誉称号,我和另一位同志记个人二等功,另外3名同志记个人三等功。

❖ 参与"6·29"反劫机的意外收获

克劳塞维茨《战争论》开宗明义:"战争无非是扩大了的搏斗。如果我们想要把构成战争的无数个搏斗作为一个统一体来考虑,那么最好想象一个两个人搏斗的情况。每一方都力图用体力迫使对方服从自己的意志;他的直接目的是打垮对方,使对方不能再作任何抵抗。""因此,战争是迫使敌人服从我们意志的一种暴力行为。"我是一个拥有28年军龄的老兵,此次直接参与反劫机生死搏斗,"军事体验"极为深刻。

(一)

与暴徒的搏斗刚一结束,稍稍平静下来,我第一个想到的是克劳塞维茨《战争论》中关于"进攻的顶点"的论述,它在这场搏斗中显现得太鲜明了,就像一颗明亮的星星在我的脑海中闪烁,使我内心赞叹不已。为了说明这个问题,我把克劳塞维茨《战争论》中相关内容摘录如下:

"进攻中取得的胜利……是由物质力量和精神力量共同造成的优势的结果。……进攻力量会逐渐削弱。当然优势也可能是逐渐增长的,但在绝大多数情况下,优势总会是逐渐减弱的。进攻者可以像买东西一样获得一些在媾和谈判时对他有利的条件,但他必须先以自己的军队为代价付出现款。如果进攻者能够把自己日益减弱的优势一直保持到媾和为止,那么他的目的就达到了。有的战略进攻能直接导致媾和,但这种情况极为罕见,大多数战略进攻只能进行到它的力量还足以进行防御以等待媾和的那个时刻为止。超过这一时刻就会发生剧变,就会遭到还击,这种还击的力量通常比进攻者的进攻力量大得多。我们把这个时刻叫作进攻的顶点。"

此次暴徒劫机,从刚开始的穷凶极恶的进攻,进而达到进攻的顶点,最后一下子摧枯拉朽般被我们制伏,所发生的这种剧变,清晰地验证了"进攻的顶点"理论的有效性。

(二)

我第二个想到的是反劫机行动过程中防御、相持、反攻三个阶段的转换十分鲜明。

防御阶段。这一阶段的基本特征:个别乘客参战,而大部分人还在坐着。坐着的乘客中,一部分还没有反应过来,一部分惊恐万分,当然也有一部分"跃跃欲试"者。正如我们调研组一位同志事后讲的:当飞机刚在空中平稳飞行时,他听到一声大喝,闻声望去,只见从后排方向冲来4个人,喊着自己听不懂的话,直奔驾驶舱方向。他们使用像钢管一样的工具,敲打机舱前排的乘客。看到这一景象,他起初有点发蒙,脑海里闪过电影里出现过的劫机镜头。他承认自己两腿发抖,转头看看窗外的云——这真的是在天上啊!他脑子一片空白,傻坐在座位上。他看到大约有4个人站起来赤手空拳与暴徒搏斗。在这些勇士的带动下,旁边的乘客也跃跃欲试。暴徒们抡着管子又打又刺,急于想"杀一儆百",控制局面。这一阶段战斗极为艰苦惨烈。在这次反劫机战斗中,这一阶段持续时间很短。

相持阶段。这一阶段的基本特征:首拨参战者有受伤退出战斗的,但这只是极个别的,他们被打成重伤坐在椅子上,而其他的参战者仍在顽强战斗,又有新的"跃跃欲试"者加入进来。而暴徒仍在拼死挣扎,妄图始终掌握主动权,而新加入战斗的乘客仍然不是很多，还没有形成明显的压倒性优势。标志性事件是，有人开始动员："快来支援哪！""快上啊！""快帮忙啊！"空姐也开始通过舱内广播，号召大家联合反抗。这一阶段战斗仍然十分艰苦，处于胶着状态。在这次反劫机战斗中，这一阶段持续时间最长。

反攻阶段。正如毛泽东同志在1938年5月28日指出的："抗日战争当然没有战略进攻，只有战役反攻及战略反攻，是整个战略防御中积极的部分，靠此部分战胜日本，通俗地说，谓之进攻当然也是可以的。"（参见中国人民解放军国防大学训练部《马恩列斯军事理论毛泽东军事思想著作选读》）我认为，反劫机战斗也只有"反攻"而没有什么"进攻"。这一阶段的基本特征："跃跃欲试"者都加入了战斗，暴徒被打翻在地，虽然暴徒仍在负隅顽抗，但已经是强弩之末。最终暴徒被彻底制伏。大家解下皮带，捆住他们的手脚，搜他们的身。标志性的事件是：傻站着的我们调研组的那位同志和那位蹲着发抖的中年妇女突然起身参战。在这次反劫机战斗中，这一阶段持续时间也很短。

（三）

我第三个强烈的感受是：精神的感召力在此次反劫机战斗中发挥着惊人的作用。克劳塞维茨《战争论》中讲："精神要素贯穿在整个战争领域，它们同推动和支配整个物质力量的意志紧密地结合在一起，仿佛融合成一体，因为意志本身也是一种精神要素。""历史最能证明精神要素的价值和它们的惊人的作用。""物质力量的作用和精神力量的作用是完全融合在一起的，不可能像用化学方法分析合金那样把它们分解开。""物质的原因和结果不过是刀柄，精神的原因和结果才是贵重的金属，才是真正的锋利的刀刃。"正如事后我们调研组的一位同志向记者讲的："最早站起来的人太关键了，他们的引领作用厥功至伟，幸好他们带了个好头，没被暴徒压制下去。"当飞机在和田机场着陆的一刹那，机舱里的乘客齐声高呼："我们胜利了！"掌声经久不息。那句欢呼的话没有人提前告知，欢呼声也没有人引领，竟然同时爆出，如此整齐一致，简直比千万次排练过的场景还要精彩万分！这是坚强意志的完美表达！是大家精神高度统一的结果！也是胜利后群情激奋与喜悦的迸发！

正如我在《心如明镜——幸福与快乐十三讲》（中国民主法制出版社，2024年版）一书中所讲："绝对的全神贯注，绝对的平静，会使人的整个存在、人体内的每一个细胞、所有的注意力都集中在当下。身心归位，合一中正，在天理良知的指引下，在天地间浩然正气的强力支撑下与深刻滋养下，通过信念系统的重建与升级，就会建起如如不动的精神内核，树立起顶天立地的精神中脉。在这种状态下，没有紧张、恐惧，只有警觉的本体——'灵在'，这个内在的本体在那里闪耀着光芒。""当这种纯意识的能量流达到极端充沛的境地，内在本体意识任由驰骋时，不思而得，不勉而中，心思满盈，当用则用，当止由止，合乎节度，这是艺术家创作的最佳状态。"之所以能够实现不约而同、不令而发、不齐而整的"心灵"相通的状态，是由于飞机上的人都不自觉地进入"关注生命、专注当下、意识临在"这一神奇"德性"状态的结果。

神矣！妙哉！

"无羞恶之心，非人也"与军人的血性

1981年我从河南省邓州市第一高级中学毕业，考入工程兵工程学院（现为中国人民解放军陆军工程大学），五年制本科，入学即入伍。大学毕业后，我被分配到部队工作，一直到2007年从部队转业来到地方工作，我在部队这所"大熔炉"里学习、工作、生活了28个年头。我觉得，军人的血性已牢固地扎根于我的内心深处，完全融入了我的血液。

❖ 一次无地自容的经历

2013年9月，我去台湾地区参访。其间，去金门岛参观了岛上国民党军队留下的一些军事设施。其中有一个参观点是1949年10月解放军进攻金门失利，上岛官兵战斗到最后的指挥所——一处当地普通民居（普通砖瓦房）四合院。据陪同我们参观的导游介绍，由于这个四合院正在维修，暂时不对外开放。我们只能坐在大巴车上看一看。导游说：当时，战斗十分惨烈，至今可以清晰地看到墙壁上很多大小不一的弹孔。指挥所内的160余位解放军官兵十分顽强，全部阵亡，无一生还。听后，参访团一行一下子沉闷了起来，无一人大声喧哗，只是听到有人说："拍几张照片吧。"大家都拿出相机、手机，拍了一些照片。我一声不响地也用手机拍了几张，主要是那所房子和它墙上的弹孔。但当回坐到座位上，大巴车发动要离开时，我满腔热血一下子涌上心头，流遍全身、面红耳赤，感到极度耻辱、无地自容。我立即拿出手机，干净彻底地删除了所有照片，自己在脑海里默默地告诫自己：这样的照片怎么能保留呢？！无论如何不能再看了！我在删除照片的那一刻也不愿意再看到手机上的照片！

军人的血性

这一经历，至今已经过去很多年了，但在我的脑海里始终挥之不去。我深深地为当时解放军官兵们顽强的战斗精神而感动！向他们英勇牺牲的精神致敬！在这里记之，也是为了讴歌他们的英雄壮举！每当想起此事，那所民宅和它墙上的弹孔便会使我感到"心纠结而不解"。每每想起这一经历，我心底的军人血性就再次沸腾！在部队有一首歌就叫《军人的血性》，歌词是："水里的蛟龙天上的鹰，雄狮劲旅任纵横，壮行酒，别样红，给我一个目标就往前冲，军人的血性是什么，是铁骨，是豪情，军人的血性是什么，是一腔热血在奔涌，铁打的营盘出精兵，强军梦里建奇功，英雄榜，血染成，追随这面战旗就打得赢，军人的血性在哪里，在枪刺，在剑锋，军人的血性在哪里，在生与死的交锋中。"军人的血性，多么豪迈，多么有激情。

血性是什么？血性是人性的一种表现形式。如果用中国传统文化来表达，它是人的"智""仁""勇"三大品行的一种特殊的表达，即智者无虑、仁者无敌、勇者无惧。《中庸》讲："智、仁、勇三者，天下之达德也。"三达德中的"智"，就是聪明、智慧；"仁"，就是宽厚、慈爱；"勇"，就是勇敢，勇气。"三达德"，它是在"君臣有义""父子有亲""夫妇有别""长幼有序""朋友有信"的五种人伦关系中尽到自己责任的过程中所表现出来的智慧、仁爱和勇敢的三种品质。朱熹注解说，"谓之达德者，天下古今所同得之理也"。这三种品质，是从古至今通行不变的道德，可以叫"达德"。也就是说，血性是人的德性在特殊境遇下的表达，它是存在于每一个人心中的本能。这种本能在不同境遇刺激下如何表达出来，是因人而异的。有仁者、勇者、智者，也有贪婪者、怯懦者、愚昧者。前者表现为有血性，后者没有血性甚至表现为冷血性。

"智""仁""勇"可以通过修心培育起来。智者无虑、仁者无敌、勇者无惧表明人的血性也可以通过修心培育起来。《中庸》讲："身诚明谓之性；自明诚谓之教。"由真诚自然明白道理，这叫作天性；由明白道理后做到真诚，这叫人为的教育。《大学》讲："物格而后知至，知至而后意诚，意诚而后心正，心正而后身修，身修而后家齐，家齐而后国治，国治而后天下平。"格物、致知、诚意、正心、修身、齐家、治国、平天下，从一个人内在的德智修养，到外在的事业，构成连贯、不断开展的过程。格物、致知、诚意、正心、修身，即是人内在的修心修身的功夫。欲诚其意者，先致其知，致知在格物。也就是说格物是诚意的功夫。

诚意是指人的心灵经过训练之后，面对外部环境总能保持与天理相契合的一种状态。

格物是身心修养的重要环节。朱熹认为，人心包含万物之理，但人心不能直接认识心中之理，而必须借助于格物，通过认识具体事物才能穷理。王阳明认为，朱熹是"析心与理为二"，把心与理分开了，降低了心的作用，从而使当世理学家养成"外面做得好看，却与心全不相干"、言行不一、空谈义理的痼疾。王阳明主张，在正心诚意即格物的基础上，发挥人心固有的良知，服务于为善去恶的现实目的。他教学生心即理，尽在心上做功夫，去掉私欲而正其心，居世处事皆合乎天理。其实，"心即理"是对的，但"理即心"却不能这样对待。我认为，他的"心外无物""心外无理"，是他在阐释其龙场悟道的意蕴时出现的致命的失误。这一内容在我的《心如明镜——幸福与快乐十三讲》（中国民主法制出版社，2024年版）一书中有详细的论述。

王阳明与朱熹二人，前者说，人心必须持守诚意才能实现格物，进而格心；后者说，"欲诚其意者，先致其知，致知在格物"。在我看来，他们两者是人们修心的"一体两面"，都是功夫。只有通过"关注生命、专注当下、意识临在"，实现人类社会"道德"价值的"德"，使人类社会发展过程中"德"由"慧识之德"到"智识之德"，再到"意识之德"，再升级为"纯识之德"，亦即达到纯意识之德，这样才能实现在新的社会背景下，人与人、人与社会、人与自然的和谐统一。这才是"圣学法门"。这里特别强调的是，"诚意"并非"诚"本身，"诚"本身源于天道无极，它是客观的，而非主观。正所谓"诚者，天之道也"。而"诚意"只是每个人格物修心的基础。孟子讲:"大人格君心。"就是要去除人心的歪斜,保全本体的纯正。以上这些内容在本书第一部分《新通书》和《心如明镜——幸福快乐十三讲》一书中均有详细的论证,这里不做赘述。

归纳起来,修心只是个诚意,诚意之功只是格物。通过格物,唤醒天赋予人的恻隐、羞恶、辞让、是非之心,认识天赋给人的本性,即仁、义、礼、智、信。身心修养是要下功夫的。王阳明在龙场这个地方三年,试遍世间种种学问,通过"龙场苦修"而悟道。他讲,只有通过圣哲的经典、讲述先贤的天理,并以此去教化人民,才能使人心一致,国家统一,社会进步。儒家认为,"仁"是造化生生不息之理,虽遍布万物,无处不是,然其流行与发生亦只有个渐,所以生生不息。所谓渐,就是有个发生、发展的过程;唯有渐,所以便有个发端处;唯其有个发端处,所以生;唯有生,所以不息。也就是说,只有通过教化,才能帮助人们形成完全的人格,才能使人们在遇到不同的境况时,真诚地依天理准则尽到自己的责任。自觉地对人行惠施利,自然做到少欲、仁慈、厚道;见到正义的事情就毫不犹豫地去做,即使抛头颅洒热血、上刀山下火海也毫不迟疑、奋勇向前。换言之,就是通过身心修养,达到"充其恻隐之心,而仁不可胜用矣"的境界,"仁者无敌",便会在五伦关系中自然出现心性的表现之一——血性。在这里特别强调的是,为了正义的事业勇往直前,为了人民的利益而奋不顾身,表现出来的人性是血性、勇敢,是浩然正气,是仁勇;为了非正义的事业去卖命,为了私利为非作歹、助纣为虐,表现出来的是疯狂、冷血,是歪风邪气,是邪恶。

由此观之，血性是依人的本性即天理准则而表达的。提起血性，自然而然就会想到中国人民的军队创造的无上荣光的历史，人民解放军谱写的无可匹敌的传奇。这里有一组血肉之躯凝成的数字，读后让我辈肝肠回旋，令敌人胆寒畏惧：红军长征四路大军牺牲那么多人，仅牺牲在长征路上的营以上干部就达四百多人；抗日战争，中国共产党领导的人民武装伤亡几十万人；解放战争中，我军共牺牲26万人，负伤104万人；抗美援朝战争中，共有18万名中国人民志愿军官兵英勇牺牲。

中国人民解放军用英勇壮举与血肉之躯创造无上荣光历史，谱写无可匹敌的传奇的中国人民解放军的血性，可歌可泣，值得我们铭记！司马迁曾说过："人固有一死，或重于泰山，或轻于鸿毛。"他们为新中国而战，为人民利益而战，生得伟大、死得光荣！向他们致敬！

◆ 知耻而后勇

孟子曾经说过："无羞恶之心，非人也。"不知羞耻的人，就与动物没有什么区别。《中庸》讲"知耻近乎勇"，意为知道羞耻就接近勇敢了。春秋时期，吴越交兵，越国兵败。越王勾践入吴宫，做了吴王夫差的奴隶。勾践知耻有勇，获释回国后，他卧薪尝胆，访贫问苦，任用贤才，发展生产。十年后，越国终于国家富足，军队精壮，一举灭掉了吴国，勾践也成为春秋霸主。耻辱具有两重性，它既是一种挑战，又是一种机遇；既是一种障碍，又是一种锻炼。在遭受磨难与打击后，在困境面前，毫不气馁、决不后退、决不自暴自弃，保持奋发进取、迎难而上的精神状态，才能更好地认识自己的不足，才可能有卧薪尝胆的决心和勇气。显然，血性是由荣辱感激发出来的，而荣辱感是培育出来的。儒家把"知耻近乎勇""好学近乎知""力行近乎仁"一起，构成对知、仁、勇三达德的一种阐发。毛泽东把《资治通鉴》比作一面镜子，说："这面镜子已经不小了。统治者如果认真照一下的话，恐怕不会一点差处没有。如书里论曰：'礼义廉耻，国之四维；四维不张，国乃灭亡。'""治国就是治吏。如果臣下个个寡廉鲜耻，贪得无厌，那非天下大乱不可。"

中国人民志愿军抗美援朝出国作战，志愿军将士面对强大而凶狠的作战对手，以"钢少气多"的勇气和信念力克"钢多气少"的敌军，谱写了惊天地、泣鬼神的壮丽史诗。他们冒着枪林弹雨勇敢冲锋，顶着狂轰滥炸坚守阵地，用胸膛堵枪眼，以身躯作人梯，抱起炸药包，手握爆破筒冲入敌群，忍饥受冻决不退缩，烈火烧身岿然不动，展现了舍生忘死、向死而生的军人血性。这种血性令敌人胆寒，让天地动容。习近平总书记强调，要着力培养有灵魂、有本事、有血性、有品德的新一代革命军人。有灵魂、有本事、有血性、有品德，凝结着社会主义先进军事文化的精髓要义，承载着军人立身、立志、立德、立业的价值表达和价值引领，反映了强军兴军的必然要求，回答了新形势下培养什么样的军人、怎样培养新一代革命军人的时代课题，为培养堪当强军重任的新一代军人提供了根本遵循。就有血性而言，这是强军进程中官兵必备的精神特质，核心要义是要英勇顽强、不怕牺牲；要有胸怀不辱使命的强烈担当，保持坚忍不拔的顽强意志，坚定不畏强敌的必胜信念，发扬视死如归的献身精神。有血性是我军战胜强大敌人的制胜密码，是打赢信息化战争的精神利刃，是战胜强军进程中困难挑战的动力引擎，是彰显革命军人意志的形象标识，如同一颗上了膛的子弹，随时准备射向敌人的胸膛。新一代革命军人有血性，突出表现在具备突破"和平积弊"的英雄气概、战胜"致命诱惑"的清醒自觉、支撑"大国崛起"的使命担当上，体现为在血与火、苦与累的淬炼中，激荡起横刀立马的豪气、敢打必胜的底气、舍我其谁的勇气、赴汤蹈火的胆气、所向披靡的锐气、宁死不屈的骨气，成为国家之剑的寒锋利刃。

　　有灵魂、有本事、有血性、有品德这四个方面是一个紧密联系、相辅相成、内在统一的有机整体，立起了新形势下铸魂育人的根本尺度，明确了革命军人最基本最核心的要求。有灵魂决定新一代革命军人的政治命脉，有本事撑起新一代革命军人的使命担当，有血性彰显新一代革命军人的职业特质，有品德匡正新一代革命军人的行为准则。其中，有灵魂是统领，有本事是核心，有血性是关键，有品德是基础。这就如同一座高楼，灵魂、本事、血性、品德是起支撑作用的顶梁大柱，哪一根"柱子"都不可或缺。

人与自然和谐共生愿景与人们思想上常常存在的难题

人与自然的关系是中国传统文化提出的人一生要解决的三个问题之一。2016年1月至2018年3月，我在地方扶贫挂职，正好赶上"三大攻坚战"的攻坚期，深感生态文明建设意义重大、任务艰巨、要求很高、难度很大。特别是我挂职所在地区位于长江上游三峡库区腹心地带，生态比较脆弱，易于破坏、难以修复，必须牢固树立"绿水青山就是金山银山"的理念，把生态放在优先位置，这一点必须有政治定力，经得起历史的检验。我挂职所在地区在推进经济社会全面发展过程中始终坚持生态优先、绿色发展，深入实施"蓝天、碧水、宁静、绿地、田园"环保五大行动主题。主要内容包括：控制燃煤及工业企业废气污染、城市扬尘污染、机动车排气污染、餐饮业油烟和挥发性有机物污染，增强大气污染监管能力；治理城乡饮用水源地水污染、工业企业水污染、次级河流及湖库水污染、城镇污水垃圾污染，保护库区水环境安全；减少社会生活噪声、交通噪声、建筑施工噪声、工业噪声，开展噪声源头防治；实施生态红线划定与重点生态功能区建设工程、城乡土壤修复工程、城乡绿化工程；开展农村生活污水整治、农村生活垃圾整治、畜禽养殖污染综合整治；不断加强农业生态、水生态、城市生态、森林生态建设。经过努力，我们取得了可喜的成绩。建设生态文明是一个长期的过程，如何处理好地区经济社会发展与建设生态文明之间的关系，现实工作中仍然有不少问题需要认真研究解决，尤其在思想认识上需要进一步深化提高。

实现人与自然和谐共生在思想上存在的三大难题

庄子提出人道向天道学习。要做到人和自然协调发展很难，主要难在思想上常常存在三个大的难题。

第一个难题，就是《庄子·内篇》讲的盲目为人凿（开）七窍的故事。南海的大帝名叫儵，北海的大帝名叫忽，中央的大帝叫浑沌。儵与忽常常相会于浑沌之处，浑沌盛情款待他们，儵和忽在一起商量报答浑沌的深厚情谊，说："人人都有眼耳口鼻七个窍孔，用来视、听、吃和呼吸，唯独浑沌没有，我们试着为他凿开七窍。"他们每天凿出一个孔窍，凿了七天浑沌死了。这个故事是讲，人们不了解自然的特点，总是想盲目地改造自然，怎么能实现人道和天道的和谐发展呢？

第二个难题，就是《庄子·齐物论》中的朝三暮四与朝四暮三的故事。宋国有一个养猴子的老人，他很喜欢猴子，养的猴子成群，老人和猴子们能相互懂得对方的心意，就是老人懂得猴子们的心意，猴子们懂得老人的心意。那位老人因此减少了他全家的口粮，来满足猴子们的欲望。过了不久，家里缺乏食物了，他要限制猴子们的食物,但又怕猴子们生气不同意,就先骗猴子们:"我给你们的橡树果实,早上三颗,晚上四颗,这样够吗?"众猴子一听很生气,都跳了起来。过了一会儿,他又说:"我给你们的橡树果实,早上四颗,晚上三颗,这样够了吧?"猴子们听后都很开心地趴下,对那老人都服服帖帖的。这个故事是讲,人的误区很多,人总是认为自己聪明,但是实际上人的弱点很多,聪明的人善于使用各种各样的手段,愚笨的人不善于辨别事情,反复无常,问题都是自己制造出来的——主观制造的,最后不免像猴子一样,被朝三暮四和朝四暮三所蒙蔽。如果事情"折腾"过来,再"折腾"过去,结果一样经不起历史和实践的检验,人和自然和谐发展只能是一句空话。

第三个难题,就是《庄子·齐物论》中庄周梦蝶的故事。庄周曾经梦见自己变成了一只蝴蝶,还是一只很生动逼真的蝴蝶,他当时感到非常愉快和惬意,连自己原本是庄周都已经不记得了。梦醒之后,庄周突然觉得惊惶不定,想起来,我是庄周啊。不过到底是庄周梦中变成蝴蝶,还是蝴蝶梦中变成庄周已经说不清楚了,只是觉得庄周与蝴蝶必定是有区别的。这个故事是讲,人的角色经常是转换的,如果转换不过来,就会错位。从哲学上讲,总是角色转换,就肯定会留下悲剧,如果分不清楚主体和客体,人和自然和谐发展,只能是一句空话。

人与自然和谐共生在思想上存在的三个大的难题,就是要告诫人们,人类想要了解自然,真心做到尊重自然、敬畏自然,切实按照自然规律、自然法则办事。这就需要大家在推进经济社会发展的过程中,高度重视生态环境保护问题;在研究和开发利用自然的过程中，要心存敬畏，按客观规律办事，确保人与自然和谐共生，否则，过度开发、破坏生态，自然就会报复人类，惩罚人类，甚至会毁灭人类。挂职工作期间，我常常利用下基层调研、开会或在党校给学员讲课的机会，有意识地为大家讲建设生态文明思想上常常存在的这三个大的难题，希望大家能够清楚，自觉地去思考。以宣讲普及老大难问题入手，让大家高度重视环境保护问题，这的确独辟蹊径，收到了意想不到的效果。

由此，我想到德国存在主义哲学家卡尔·西奥多·雅斯贝尔斯提出的"轴心时代"概念。他认为，人类文明可以分为四大阶段：史前时代、古代高度文明时代、轴心时代和科技时代。在这四个阶段中，他把"轴心时代"称为"突破期"，而将"史前时代""古代高度文明时代"及其后的"科技时代"都称为"间歇期"。人类历史以轴心时代为坐标，在这之前的一切事物都是为它做准备，而在这之后，人类所有的进步都以它为起点。雅斯贝尔斯认为，在公元前500年前后，在世界各地出现了伟大的思想家，在中国出现了老子、孔子，在印度出现了释迦牟尼，在西方出现了犹太教的先知。后来，在希腊出现了苏格拉底、柏拉图这样的大思想家。这一时期就是雅斯贝尔斯所称的"轴心时代"。他讲，这个时候，人类开始用理智的方法、道德的方式理解我们的世界，它所开创的思维方式一直影响到了今天的文明。雅斯贝尔斯讲："人类一直靠轴心时代所产生的思考和创造的一切而生存，每一次新的飞跃都回顾这一个时期并被它重新燃起火焰。"这个论断在历史上已经得到多次证明：欧洲的文艺复兴回到文化源头古希腊，使欧洲的文明重新燃起了光辉；中国的宋明理学，在印度佛教的冲击之下再次回到先秦的孔孟，把中国的本土哲学提高到了一个新的水平。

人与自然和谐共生在思想上存在的三个大的难题，作为当下生态文明建设之问，能够彰显巨大的能量，不仅使听之者醍醐灌顶，振聋发聩，而且具有极强的穿透力，能使听者入脑入心，起到心明眼亮的作用。正如雅斯贝尔斯的论断："人类一直靠轴心时代所产生的思考和创造的一切而生存，每一次新的飞跃都回顾这一个时期并被它重新燃起火焰。"通过宣传、阐释庄子提出的三个大的难题，引起人们对生态文明建设的重视，能够在人们的心灵深处种上爱护大自然、保护大自然、建设生态文明，与自然和谐相处的"种子"。正因为它是"种子"，所以它才能够在人们的心上扎根、萌芽，这正应验了雅斯贝尔斯的论断。如果它不是种子，是不可能在人们的心中生根、萌芽的。心中种上了"种子"，会生根、萌芽，然后生出干，再生枝生叶，生生不息，长成大树。这就像有源之水，生意不穷。这就是中国传统文化的魅力所在。

王阳明在《传习录·薛侃录》中讲："种树者必培其根，种德者必养其心。"是说栽树的人必须培养树根，修德的人必须修养心性。而文明必发其源，一切的文明必有其渊源，只有从其渊源出发，文明才有着落，文明才有方向，文明才有力量，才能健康进步发展。"与其为数顷无源之塘水，不若为数尺有源之井水。"做学问如此，文明事业亦应如此。这正是庄子所提出的三个大的难题在当下生态文明建设中所特有的魅力所在。

中华优秀传统文化视角下人与自然和谐共生

善于发现问题、提出问题是研究问题、解决问题、推动事物发展的前提。从中华优秀传统文化视角研究、宣传、阐释人与自然和谐共生问题颇具魅力。

一是在切实增强尊重自然、敬畏自然的意识问题上。《诗经·大雅·烝民》讲"天生烝民,有物有则",《诗经·大雅·文王之什·皇矣》讲"不知不识,顺帝之则",已经讲明了上天创造万物,都有它自己的规律、法则,自然法则、自然规律是客观的,是不以人的意志为转移的。人们需要依照自然规律、自然法则办事,不可违背。现实中,有的人倚仗现代科学技术,对大自然为所欲为,想干什么就干什么,想怎么干就怎么干,想干到什么程度就干到什么程度,只要有利可图,就不择手段。这是不行的,而且是不可持续的,还会受到自然界的惩罚。"有物有则""顺帝之则",首先要求我们认识自然、了解自然、研究自然,弄清楚自然界的真相;其次,在没弄清楚自然界的真相前,人类需要保护大自然,否则就会失去探究自然界真相的平台和基础;再次,人类对自然界真相的探究和依赖是一步一步的、不断发展的,从某种意义上讲是永无止境的,所以对大自然的保护也需要是长期的、无条件的、永无止境的。

二是在切实增强人与自然和谐共生的意识问题上。季羡林先生曾讲:"人一生的衣食住行,都仰仗大自然。向大自然索取有两种办法:一是强取豪夺;二是朋友相赠。""第二种方法是比较合理的,相互了解,中国古话称之为'天人合一'。"儒家的"天人合一"思想,是表现人与自然的关系的一个重要命题。"天人合一"最早出现于《周易》中,首先承认人是自然界的一部分,而且是有机的一部分。北宋周敦颐的《太极图说》,在讲天人合一的道理时讲,人的出现是天道变化所产生的结果,在天道变化中,它的精粹部分给了人,使得人有了人性。他还讲:"安有知人道而不知天道者乎?道一也。岂人道自是一道,天道自是一道?"朱熹讲:"天即人,人即天。人之始生,得之于天也;既生此人,则天又在人矣。"说明人与自然存在着一种内在的统一关系。其次,"天人合一"认为天与人是有区别的,《周易》讲:《易》之为书也,广大备悉,有天道焉,有人道焉,有地道焉。""昔者圣人之作易也,将以顺性命之理。立天之道曰阴与阳;立地之道曰刚与柔;立人之道曰仁与义。兼三才而两之。"充分肯定人的主体性,人是认识的主体,天是认识的客体,人在认识客体的同时也在了解和认识自身;人在认识自身的同时也在了解和认识天。"天人合一"强调自然界有客观规律,人的活动也有客观规律,人必须顺应客观规律,不能违背客观规律,即人道的"日用事物当然之理",就是天道"阴阳变化之秩序",不能违背。

三是在切实增强按客观规律办事的意识问题上。老子从对宇宙自身的和谐认识出发,提出"人法地、地法天、天法道、道法自然"的理论,可以说揭示了一种应该遵循的规律。也就是说,人归根结底要效法自然、顺应自然,以自然为法则。老子说"圣人以辅万物之自然而不敢为",圣人只能辅助万物的自然之性而不敢做更多事情。庄子提出了一个观念叫作"太和万物",讲天地万物本来存在着最完满的和谐关系,人应该"顺之以天理,行之以五德，应之以自然"，按照五德（仁义理智信）来规范自己的行为，以适应自然的要求。

四是在切实吸取人类对自然无量开发和无情掠夺的教训问题上。西方的文化在近三百年对人类社会的发展产生了巨大的影响，使人类社会有了长足的进步，但是，我们已经看到人类对自然的无量开发和无情掠夺造成了资源的浪费，环境污染，二氧化碳过量排放，臭氧层变薄、出现空洞，地球环境温度不断升高，生态平衡破坏，进而物种灭绝、瘟疫流行、自然灾害频发等，这些可怕的现象已经严重破坏了人类自身生存的条件，威胁着人类的生存发展。人类自以为可以对大自然予取予求，可是事实证明，我们不但征服不了自然，反而会受到自然的惩罚。没有人知道大自然还会以何种方式继续惩罚我们。1980年，美国哥伦比亚大学倪思贝在《进步观念史》中讲，"进步"信念至少在今天的西方已经不是天经地义的了。他列举了许多著名学者（特别是科学家）对科技发展和经济增长的深切怀疑。他认为，物质上的进步与精神上的堕落恰好是成反比的。他寄希望于宗教的复苏。美国社会学家丹尼尔·贝尔在1976年出版的《资本主义的文化矛盾》中也持这种观点。他们认为，宗教可以唤醒人们对自然的敬畏之心，克制人们无限贪婪的欲望。中国儒家讲"求诸己"，道家讲"自足"，佛教讲"依自不依他"，节制私欲，平衡心态，科学有序开发利用大自然，实现人与自然和谐相处。《大学》中讲："知止而后有定，定而后能静，静而后能安，安而后能虑，虑而后能得。"从"进步"的观点看，安定静止自然看似毫无可取之处，但回顾近几百年来的人类发展史，当今西方的危机正是"动"而不能"静"，

"进"而不能"止","富"而不能"安","乱"而不能"定"。当人类友好保护自然时,自然的回报是慷慨的;当人类粗暴掠夺自然时,自然的惩罚也是无情的。我们应当深怀对自然的敬畏之心,尊重自然、顺应自然、保护自然,构建人与自然和谐共生的地球家园。

脱贫攻坚第三方评估验收与"非常公论"

党的十八大以来，习近平总书记把脱贫攻坚摆在治国理政突出位置，提出了扶贫开发战略思想。特别是鲜明提出"脱贫攻坚"战略任务，吹响了全面建成小康社会决胜阶段"补短板"的进军号。

◆ "脱贫攻坚"与第三方评估

脱贫攻坚的效果到底如何，能不能达标，是需要实践和历史检验的；是否达到脱贫攻坚的目标要求，是需要评估和验收的。为此，脱贫攻坚第三方评估验收成为基层脱贫攻坚中要面对的重要工作任务。基层为了能够在验收中达标，区县市内经常采取乡镇之间交叉验收，全省或全市范围内采取区县之间交叉验收，特别是正式接受国家组织的最终达标验收时，这个第三方评估验收，基层更是高度重视。

◆ 第三方评估及其在工作中遇到的问题

开展评估首先必须解决由谁评估，也就是评估主体是谁的问题。从评估主体与政府之间的关系来看，评估的主体大致可分为三种：一是政府成立的专门机构或部门；二是政府委托的第三方评估机构，即政府主管部门通过组建临时性专门机构，或者委托有关社会机构，由这些机构组织实施评估；三是独立第三方机构，由其进行的评估又被称为社会评估，通常是由专家学者、社会团体、中介组织等根据自身制定的评估指标体系，按照一定程序开展评估。脱贫攻坚采取的主要是第二种方式，即由政府委托第三方评估机构开展评估。开展第三方评估，需要制定科学可靠的评估实施方案，明确评估的范围和对象，内容、标准和要求，人员组成，评估程序和时间安排，开展评估的方式方法，评估验收成果报告等。参加评估验收的人员主要是从高校师生中临时抽组的，在开展评估验收前首先进行集中培训，然后进驻评估地区，开展实地调查、集中评估，最后形成报告。

2016年，我很荣幸被单位选派到地方扶贫挂职。我从2016年1月开始至2018年3月挂职结束，在地方工作了2年零3个月。在挂职工作期间，我发现基层干部群众对脱贫攻坚第三方评估验收微词颇多，思想认识不够清晰。基层干部群众反映的问题集中起来就是：脱贫攻坚工作千丝万缕，每一件事都是重中之重，扶贫干部们一天到晚争分夺秒去干，万分辛苦之后，很多事情不可能尽善尽美，结果群众不理解、发牢骚、说坏话，特别是第三方评估的同志来了，听到群众不满意的反映，就要核查，一旦查实就要扣分，进而影响该地区能不能按时脱贫摘帽、建档立卡贫困户能不能按时销号。因为脱贫攻坚是带有政治性的战略任务，所以基层对第三方评估高度重视。一旦听说第三方评估的同志发现了问题，就给他们"做工作"：强调客观的多，希望第三方评估的同志能够理解，少扣点分或不扣分。可是，参与第三方评估验收的同志，是经过集中培训、掌握脱贫攻坚达标验收指标要求的人，他们只认结果。地方一些干部群众就讲参与第三方评估验收的同志不了解脱贫攻坚的实际情况，出现对第三方评估验收的抵触不满情绪。

"非常公论"充分彰显社会价值

针对上述突出问题，我利用下基层工作调研、开会时机，特别是在给党校举办的培训班课堂上，给大家讲了北京大学季羡林教授提出的"非常公论"。季羡林老先生讲，何谓"非常公论"呢？有这么一个故事：有两个人，谁也不承认自己是近视眼，决定第二天到庙里看挂匾一决高下。其中一人先向他人打听到匾文，第二天两人并排向前走时，此人没走几步就嚷："我看到了，我看到了，是'光明正大'！"旁边有不知情者惊问："你看到何物？匾尚未挂出呀！"接着我讲，脱贫攻坚第三方评估验收，就是需要这些不知情者参与，才能保障它的公平公正和科学合理性。希望大家再也不要说"第三方评估验收的同志这也不懂，那也不懂，啥也不懂"了。

自此以后，面对纷繁复杂的第三方评估验收工作，我再也没有听到带有情绪的议论了。广大的基层干部群众在对待第三方评估验收工作中发现的问题时，不再抱怨，不再找客观原因，而是自觉地从自身找原因，加倍努力，想方设法把工作做得更好、更扎实。

对第三方评估验收工作者有想法，从而对他们所从事的验收工作产生了很多的意见。但当对验收工作者没有了想法的时候，对他们所从事的验收工作也默许、认可、支持了。《资治通鉴》记载，唐太宗贞观二年，"上问魏征曰：'人主何为而明，何为而暗？'对曰：'兼听则明，偏听则暗。'"汉代王符《潜夫论·明暗》中讲："君之所以明者，兼听也；其所以暗者，偏信也。是故人君通必兼听，则圣日广矣；庸说偏信，则愚日甚矣。"毛泽东在《矛盾论》中讲："多方面听取意见才能辩明是非得失；只听一方面的意见，就信以为真，往往要做出错误的判断。"《旧唐书·元行冲传》中讲："当局者迷，旁观者清。"说的是一件事情的当事人往往因为对利害得失考虑得太多，认识不全面，反而不及旁观者看得清楚。这些与"非常公论"之意蕴具有异曲同工之妙。

这使我想起《韩非子·说难》所记载的一个故事。春秋战国时，卫灵公对下大夫弥子瑕有偏爱，而且已经超出了一般君臣的关系。有一次，卫灵公和弥子瑕一起游果园，弥子瑕摘下树上的桃子来吃，吃到一半才想起旁边的卫灵公，于是将吃剩的桃子给卫灵公吃。卫灵公不但没怪罪，还说这是弥子瑕爱他的表现。还有一次，弥子瑕的老母亲生了重病，弥子瑕情急之下，没有经过卫灵公同意，私自驾着卫灵公的马车回家探母。按照卫国的国法，这是要"断足"的，但卫灵公非但没有任何责备，还称赞弥子瑕孝顺。可等到卫灵公不再宠信弥子瑕时，卫灵公抓住一次机会历数弥子瑕的不是，说他过去曾假传君令，擅自动用他的马车，目无君威地把没吃完的桃子给他吃。至今他仍不改旧习，还在做冒犯他的事。弥子瑕从年轻到年老，始终把卫灵公当成自己的一个朋友看待，在卫灵公面前无拘无束。可是卫灵公则不一样。他对弥子瑕所做的同样的事情表现了前后截然相反的态度。这个故事之所以被记载了下来，因为对任何听到这个故事的人来说，其理都是不言自明的。这充分表明"非常公论"是毋庸置疑的。

马克思在《黑格尔法哲学批判》中讲："理论一经群众掌握，会变成物质力量。"我深感"非常公论"在基层社会工作中竟有如此巨大的威力！我也深感，"非常公论"这一学说及其所蕴含的深刻道理，还没有得到社会广泛的重视、宣传和应用，致使该理论没有能够充分发挥其社会价值，在运用它的领域总是招来各种各样的非议。

◆ "非常公论"应用实证

2018年6月，我在法国参观访问、学习交流，在马赛行政法院，我从该法院副院长介绍的情况中了解到，他们行政案件判决的过程如下（根据作者记录整理）：

"当行政决定被做出后，当事人有2个月时间的诉讼期限，可以通过邮寄、网络提起诉讼，根据案件复杂程度，某些类型的案件必须有律师介入，有的没有此要求；收到申诉后，案件会被分派至不同法庭，如城市规划、税务、地方机构等；这时，庭长要先过滤，从形式内容上看申诉是否符合要求，要驳回还是立案；一旦庭长决定立案，他将把案件交给一名法官，负责调查工作；其他法官不会给这名法官指导性的意见。整个调查工作（以书面的形式）都由该法官来负责，包括采取什么措施或什么调查方式；在办案期间双方必须遵循对质的原则，互换材料，否则调查结果无价值；为使案件不拖延，法官会规定一个期限互换材料，而后不再交换；个别情况下，法官可以让一个专业人员介入，如管道坏了，可让专业人员鉴定，双方当事人都不参与，以免对结果提出质疑。司法鉴定专员负责找到原因、估算损害程度，办案专员指派报告员，报告给另外两名法官，并起草起诉书，包括理由、判案依据和判决结果。开庭前，3名法官进行讨论修改报告员的判决意见。开庭时，有第4名行政法官介入，并提出解决建议，但对3名法官来说该建议不是必须遵守的。第4名法官叫作公共报告员，其作用是从另一个角度来看这个案件。

"本着审理公开的原则，公众、学生、律师可以旁听。具体审理程序是：先由报告员作一下公开介绍、报告；之后由公共报告员即第4名法官阐述他的观点和提议（事先他对案件不知情）；然后原告方先发言，讲他的理由、依据、对报告员的提议的意见；之后行政机关代表或律师发言；之后庭长和两名法官向当事方提问。所有程序完成后，3名法官进行合议，公共报告员（第4名法官）不参加合议。

"法官合议是保密的，不公开，最后进行判决时，行政法官对判决必须给出相关理由和依据，判决书由3名法官和书记员签字。判决书右上角都会写上：'以法兰西共和国的名义。'

"判决做出后,是具有执行力的,一是判决书发到当事人手上后,当事人有2个月时限可以上诉,有的案子需要到行政法院上诉,有的需要到最高行政法院上诉。基本上95%的上诉结果都是维持一审判决。

"上诉行政法院和最高行政法院还有一个工作就是使判决统一化。

"公共报告员的作用:一是从另一个视角看案件;二是向双方解释相关法律信息;三是尽量使判决是最科学(尺度最科学)的判决、最公正的判决。这一公共报告员制度在19世纪初形成,20世纪成熟,行政法院成立之初就有公共报告员。行政法院没有检察官。"

我突然间意识到,法国行政法院所建立的公共报告员制度(第4名不知情行政法官参与)完全是季羡林老先生所讲的"非常公论"的实证。他们在行政法院已经被应用200多年了。

东方智慧——中医与"身体修理学"

我的夫人洪小茜,祖籍江苏盐城,她本科毕业于中国人民解放军海军军医大学(又称第二军医大学),研究生是在河北医科大学读的,曾在中国人民解放军总医院(原解放军301医院)、中国人民解放军总医院第一附属医院(原304医院)多次进修,发表过不少医学学术论文。她35岁即被评为副主任医师。2018年她参加了中国中医科学院西苑医院举办的西学中高级进修班。毕业后又师从中国中医科学院北京西苑医院几位80多岁的国宝级老专家学习中医临床医疗,他们是:主任医师、博士生导师高普教授;主任医师、博士生导师沈明秀教授;主任医师、医学博士赵兰才教授。我耳濡目染,近水楼台先得月,对中医方面的知识日益有所了解,并进而有所体悟。

◆ 中医理论是中国传统文化的重要组成部分

中国的哲学认为,研究天、天道或者自然的规律不能不牵涉人,研究人也不能不牵涉天。我们现在认为,《周易》是中国哲学或中国文化的一个源头。"《易》所以会天道人道也。"对《周易》作哲学解释的《系辞》明确地讲:"《易》之为书也,广大备悉,有天道焉,有人道焉,有地道焉。"有一篇《说卦》讲:"昔者圣人之作易也,将以顺性命之理。立天之道曰阴与阳;立地之道曰刚与柔;立人之道曰仁与义。兼三才而两之。"到了宋朝,理学创始人之一张载说:"三才两之,莫不有乾坤之道。""《易》一物而合三才,天人一。"是说《易》讲的是一回事,天人是统一的,这是一种"天人合一"的思想。北宋理学家、教育家程颐讲:"安有知人道而不知天道者乎?道一也。岂人道自是一道,天道自是一道?"南宋理学集大成者朱熹讲:"天即人,人即天。人之始生,得之于天也;既生此人,则天又在人矣。"天的道理由人来彰显。明清之际大思想家王夫之在《正蒙注》中讲,北宋程朱理学代表人周敦颐"首为《太极图说》,以究天人合一之源,所以明夫人之生也,皆天命流行之实,而以其神化之粹精为性,乃以为日用事物当然之理,无非阴阳变化之秩序,而不可为"。他讲,考察学者的学说,从汉朝开始,只是抓住了先秦学说的一些外在的表现,这些学者没有能够得到圣学的人道的根本,不知道《周易》是人道的根本,只是到了宋朝初年的时候,周敦颐提出《太极图说》,探讨了天人合一的道理,阐明了人的出现是天道变化所产生的结果:在天道变化中,它的精粹部分给了人,使人成了有人性的,所以人道的"日用事物当然之理",就是天道"阴阳变化之秩序",就是说人道的道理和天道的道理是一致的,是统一的,是不能随便违背的。这段话是对儒家"天人合一"思想和《周易》所说的"所以会天道人道者也"比较好的解释。因为人道本于天道,人是天的一部分，讨论人道不能离开天道，同样讨论天道也必须考虑到人道，这是因为"天人合一"既是人道的日用事物的当然之理，也是天道的阴阳变化的秩序。另外，北京大学季羡林老先生讲，东方文化与西方文化的区别，最根本的是思维模式、思维方法的不同。西方文化注重分析，一分为二；而东方文化注重综合，合二为一。表现在医学上，西医是"头痛医头，脚痛医脚"，注重局部的"外科手术式"的治疗方法；而中医是"头痛医脚，脚痛医头"，注重从系统整体出发进行治疗。

◆ 中医理论的核心是整体观和辨证论治

"天人合一"的整体观和中医辨证，是中医对疾病发展的每个阶段的本质认识，贯穿于预防疾病、诊治疾病、病后康复的全过程，"治未病"是中医的最高境界。辨证是指将望、闻、问、切所收集到的第一手资料，通过综合分析，查清疾病产生的原因、性质、部位，以及邪正、寒热、虚实之间的关系，从而概括判断为某种性质、证候的过程。论治，是指根据辨证分析的结果，确定相应的治疗原则和治疗方法。辨证是决定治疗的前提和依据，论治是治疗疾病的手段和方法。所以说辨证论治，就是指中医认识疾病和治疗疾病。中医同病异治、异病同治是常态，这是病机发展变化导致的。同病而发展到不同的病机时即需异治，异病而发展到相同的病机时，就需同治。"天人合一"的整体观和中医辨证诊治，是极高明的。毛泽东非常欣赏古代中医的高明医术，他曾谈到：鲁迅在《父亲的病》这篇文章中对清代名医叶天士用梧桐落叶做药引不以为然，其实，从叶天士取秋天的梧桐叶这个例子可以看出，中医懂得人的疾病受自然环境影响。叶天士把人体的病变和气候、环境联系起来是很高明的。这种认识即使在科学发达的今天，也是很先进的。中国这么大，人口这么多，自然环境、气候条件、生活习惯和各地人民的气质，都有很大差别，不能以一概全。而中医正是重视这种差别，才派生出各种学派、各家学说。各个学派的不断发展，汇成了中医这个整体的渊渊巨流，这对现代科学也有可以借鉴之处。

2021年9月，我见过一个女孩子脸上长湿疹，影响美观，她吃了不少西药、保健品，效果甚微，花很多钱买各种各样的化妆品来抹脸，也不能解决问题。后来中药只吃到第四天，脸上的湿疹就消了，的确很神奇！另外，中医辨证亦即中医望、闻、问、切，彰显着大智慧，可谓奥妙无穷！中医治疗察言观色，非常注重病人的心理。《三国演义》中有一个故事：蜀国的军师诸葛亮精通心理学，摸透了东吴领兵的大都督周瑜的心理，于是他帮助东吴军大败魏军，解除了周瑜的重重忧心，治好了他的心病。但是当蜀吴双方进入交战状态时，他又利用周瑜争强好胜的心理，加剧了他的心病，气得周瑜不战而亡。由此可见，中医既可以治病救人，也可以致人于死。

◈ 中西医结合是中国特色医学发展之路

中医是传统医学，所谓西医是在西方传统医学与生物科学发展的基础上建立起来的近现代医学。原来我不知道"西学中"，更不清楚它的意义。自从我的夫人洪小茜参加了西学中高级研修班，我才逐步知道了它的重要价值。中西医结合就是将传统的中医中药知识和方法与西医西药的知识和方法结合起来，在提高临床疗效的基础上，阐明机理进而获得新的医学认识。早在红军长征到达陕北后，毛泽东就曾讲："中西医要互相学习，联合诊疗，就像是中国自己的革命道路一样，走一条中国医学的新道路。"新中国成立后，中西医结合一直是政府长期实行的方针。1958年10月11日，毛泽东在卫生部党组《关于西医学中医离职学习班的总结报告》上批示："中国医药学是一个伟大的宝库，应当努力发掘，加以提高。""我看如能在1958年每个省、市、自治区各办一个70至80人的西医离职学习班，以两年为期，则在1960年冬或1961年春，我们就有大约2000名这样的中西结合的高级医生，其中可能出几个高明的理论家。"经过几十年的努力，20世纪90年代开始，中西医结合进入学科建设的发展阶段。1982年国务院学位委员会将"中西医结合"设置为一级学科，招收中西医结合研究生，促进了中西医结合学科建设；1992年，国家标准《学科分类与代码》又将"中西医结合医学"设置为一门新学科，把学科建设作为主要发展方向和历史任务，促进了中西医结合研究。中西医结合，包括疾病的诊治、中西医诊断方法、病证动物模型、中医治法治则、中医学基础理论、针灸及经络的研究等。在这里特别指出的是，中西医结合诊治，是指中西医一体化的诊治，由一个医生（组）开中、西药，而不是指看完了西医，再去看中医，西医院看过了，再跑到中医院去看，这样中西医轮流地看，混合地治，不叫中西医结合。中西医结合，它的精髓是在充分运用国际先进的诊断和治疗的基础上，如有必要，再结合使用中医治疗，从而取得源于西医、高于西医，源于中医、高于中医的效果。

◈ 中医治病"三分治，七分调"

中医既治急病，也十分注重调理养生，此所谓"三分治，七分调"。我国历史上有文字记载的第一位养生学家，是尧的大臣篯铿。据说，篯铿是黄帝的后裔，颛顼的玄孙，祝融的孙子，陆终的第三子。他的母亲女嬇是鬼方人。鬼方是华夏民族西部、北部的强梁外族，就是大戎、匈奴的前身。陆终和女嬇的结合，也许是民族和解的结果。传说女嬇分娩时难产，打开两肋，生下六子。大概因为剖宫产留下的创伤太重，不久这位母亲就去世了。后来，发生了大戎之乱，篯铿流离西域，受尽磨难，并学会了养生之道。据说，他在尧帝生命垂危之际，曾进献雉羹，也就是野鸡汤，治好了尧帝的病，因此给尧帝留下了很好的印象。所以尧封他到大彭氏地（今江苏徐州），建立了大彭氏国。篯铿就是彭祖。彭祖为开发这块土地付出了极多的辛劳。他带头挖井，发明了烹调术，修建城墙。传说他活了800岁，是中国历史上第一位长寿之人，还留下了养生著作《彭祖经》。他建的大彭氏国，在夏商时期比较强大，后被殷商武丁灭掉了，前后存在了800年。大彭氏国灭亡后，彭城后来曾属宋、齐、楚。彭祖在历史上影响很大，孔夫子就非常推崇他。庄子、荀子、吕不韦等都曾论述过他。《史记》中对他有记载，屈原诗歌中也提到过他。大概因为他名气太大了，到了西汉，刘向在《列仙传》中竟把彭祖（篯铿）列入仙界。

饮食习惯既事关养生，亦可推断病证。有记载："孔老夫子吃饭很讲究，有几不吃，鱼和肉不新鲜不吃，食物变色变味不吃，烹调不合宜不吃，不到吃饭时间不吃，这些都很合乎卫生嘛！不过孔老夫子有病啊！""你应该给他诊诊病，我看他有胃病。为什么呢？他接着说：食不厌精，脍不厌细，东西搞得那么精细不是消化不好吗？再说他常喜欢吃姜。""姜性温，孔老夫子有胃寒，用姜去寒暖胃，老百姓不是喝姜糖水嘛，去寒发汗治感冒。我看他还有胃下垂。""他胃不好，又忙着周游列国，吃了饭就坐车子颠簸，还不得胃下垂？"由此观之，一个人，特别是中老年人，长期养成的饮食习惯，吃哪些东西，不吃哪些东西，如果长期吃，怎么个吃法，一定有他的道理，我们既可以说它是养生需要，也可以通过它反观其身体状况。

◈ "身体修理学"与习劳励精止殆

我两条小腿肌肉疼痛有20多年。其间，吃药、打针、各种理疗，包括针灸、按摩都无效。从晚上休息到第二天醒来，小腿疼痛感并无明显差别。我感到小腿疼痛消耗了我大量的能量和精力，白天因工作学习生活忙碌，无暇顾及，尚可忍耐，晚上休息时疼痛感很强，有时白天太过劳累，夜晚疼痛感更强，使我难以忍受。我在地方挂职期间，我的夫人从北京来看我，当时她是中国人民解放军火箭军总医院内科的一名副主任医师。由于她长期从事医疗工作，对卫生医疗保健方面的事很重视。但对于我的小腿疼痛，多年来她也是束手无策。没承想，这次她来，给我带来了一个改变我身体健康状况和生活质量水平的宝贝——健康锤。我利用这个小小的健康锤，竟治好了困扰我20多年的小腿肌肉疼痛顽疾！

刚开始用健康锤敲打我的小腿时，反应十分强烈，就像针扎、刀割一样疼，哪怕是轻轻敲打也忍受不了。敲打时的疼痛感就好像是小腿骨外侧肌肉中长满了"毛刺"。我一下子发现了困扰我20多年的小腿疼痛的病因。我就忍着剧痛，用健康锤在小腿上不停地敲打。刚开始，敲打完后两条小腿滚烫，就像发高烧一样，能持续一整天，到第二天敲打时，两条小腿仍然是烫的。这种强烈反应的状态持续了半个月。后来，再敲打就没有那么烫了，但仍然能感到小腿胀痛。大约半年后，敲打时胀疼感轻多了。就这样，我一直坚持了大约3年，出差也带着健康锤，几乎每天敲打。再后来，敲打时没有任何疼痛感了，完全属于正常敲打肌肉的反应，我才停止敲打。

因长期坐办公室工作，缺乏锻炼，我的身体日益发胖，体重严重超标，每年体检报告都显示有脂肪肝，发展到近年体检有了中度脂肪肝或重度脂肪肝。多年来，工作任务重、压力大，2017年又患上了高血压。从那时起，我每天吃降血压药。2021年4月，我参加一个业务培训期间，进行身体健康指标方面的测试，显示我内脏脂肪含量高达32%，远远超过了健康指标警戒线，这引起了我思想上的重视。培训班结束后，我制订了一项减肥计划：每天不吃晚饭，只靠喝水、生吃西红柿充饥，而且坚持每天下班后去打乒乓球。当时正值夏季，天气炎热，每天出汗很多。就这样，从5月份开始到8月份，不到3个月时间，我的体重从80～81公斤降到70～71公斤，减少了10公斤。这种生活方式一直持续到9

月底，体重也基本维持不变。到10月份，我开始有节制地吃晚饭，并坚持锻炼。体重减轻后，身体负担少了，走路轻松多了，看书研究问题精力旺盛多了，而且记忆力显著增强，我感到自己又回到30年前年轻时的状态了。

2021年7月，我参加年度正常体检，发现自己有肝囊肿（连续几年体检都存在）、肾结石（多年一直有）、肺结节、甲状腺结节等。医生讲没啥大事，注意调理饮食和休息，每年复查即可。夫人告诉我一个治疗方法：坚持每天室外慢跑40分钟。她说，室外慢跑是有氧运动，可以健脾胃、调和五脏六腑阴阳、理气化瘀，还可以让你"放屁""打嗝""通便"，最后还能让你的上述病状消失；慢跑运动强度相对较小，能保护膝盖、防止膝盖劳损。为此，我制订了一个锻炼计划：从10月12日开始，每天晚上坚持40～60分钟，目标是配合饮食和其他调理，使身体更加健康。

唐朝的孙思邈，十分重视民间的医疗经验，不断走访，及时记录下来，终于完成了他的著作《千金要方》。唐朝建立后，孙思邈接受邀请，与朝廷合作开展医学活动。唐高宗显庆四年(659年)，孙思邈完成了世界上第一部国家药典《唐新本草》。明朝的李时珍，自1565年起，先后到武当山、庐山、茅山、牛首山及湖广、安徽、河南、河北等地收集药物标本和处方，并拜渔人、樵夫、农民、车夫、药工、捕蛇者等为师，参考历代医药等方面书籍925种，考古证今、穷究物理，记录上千万字札记，弄清了许多疑难问题，历经27个寒暑，三易其稿，于明万历十八年（1590年）完成了192万字的巨著《本草纲目》。此外，他对脉学及奇经八脉也有研究，著述有《奇经八脉考》《濒湖脉学》等多种，被后世尊为"药圣"。这些伟大的医学家，他们深山采药、遍尝百草、治病救人，都彰显了实践第一性、实践得真知。

2022年2月7日，春节过后第一天上班。我深感经过近4个月的每天晚上慢跑，身体的健康状况得到很大的改善。主要表现：一是深感脾胃得到强健，吃东西时，自己的胃一般不会觉得有负担了；二是白天自己的手心、脚心温暖湿润了；三是明显感到体力强健，精力旺盛，干事轻松；四是在慢跑中发现的身体不适及潜在的病相，借着慢跑所产生的动能用手进行按压或捏揉，大多数都能得到改善，都能产生很好的"修理"效果。

（四）习劳励精止殆

1915年9月6日，毛泽东在给萧子升的信中写道："古之人有行之者，陶侃、克林威尔、华盛顿是也。陶侃运甓习劳，克将军驱猎山林，华盛顿后园斫木。盖人之神也有止，所以瘁其神也无止，以有止御无止则殆。圣人知之，假是以复其神，使不瘁也。"1916年12月毛泽东在给黎锦熙的信中讲到初唐四杰之一的诗人王勃："有甚高之德与智，一旦身不存，德智则随之而隳矣！"翌年毛泽东在《体育之研究》一文中又提到王勃"一旦身不存，德智则从之而隳矣"（参见《毛泽东早期文稿1912.6—1920.11》）。这些可以说是我萌生"身体修理学"的滥觞：圣人知之，假是以复其神、励其精、止其殆也。慢跑加上近来我开始在工作之余所做的类似"五禽戏"的锻炼，很有效、很有益。美国前总统卡特（1977—1981年任美国第39任总统），从1984年以来，风雨无阻雷打不动，每年都要飞往世界各地做一周的义工，搬砖盖瓦，身体力行支持他参与的众多慈善项目之一——国际仁人家园。2017年，已经是92岁高龄的卡特在加拿大做义工，在工地工作。他锯木板、钉钉子、上榫头，兢兢业业一身是劲。有一天，工地气温偏高，烈日当头，卡特总统照常忙忙碌碌锯着木头，忽然一阵眩晕坐倒在地上，被送往医院救治，医生诊断为中暑脱水，第二天，他又在夫人的陪同下出现在工地上，大家都再次为这位老人的身体力行的精神所感动；2021年，97岁的他仍然在工地为穷人搭建房屋。事实上，从小热爱木工的他，业余时间时常钻研木工活，并自己制作家中的家具。更为不可思议的是，他在90多岁高龄时成功抗癌，书写了属于他的非凡人生。这是习劳励精止殆的又一例证。

人的身体就好像一台机器，活着就好像机器天天在运转，时时需要检查，不管哪里出了毛病，都需要检修。当然也有检修不了的时候，这便像机器出了特殊故障无法修复，或到使用年限了需要报废。因此，无论是西医还是中医，"治病救人"都是有一定条件的，不是所有的病都能治，更不是所有的病都能治好。但检修机器的确可以延长机器的使用寿命，使之更好地运转，这是毋庸置疑的。每个人都是自己身体的运行者、使用者，对自我身体状况的感受体悟是最直接、最及时的，我们应该树立大健康意识，树立身体也需要不断"修理"的意识，树立自己是维护自身健康第一责任人的意识，在漫长的人生旅途中，应该不断地通过实践体悟，找到符合自身需要的最便捷有效的"修理"办法，传承弘扬好我国的中医智慧，想方设法维护好、调适好自己的身体，这样才能从根本上提升我们的生活质量和干事创业的本钱！

龟虽寿

曹操

神龟虽寿,犹有竟时。

腾蛇乘雾,终为土灰。

老骥伏枥,志在千里。

烈士暮年,壮心不已。

盈缩之期,不但在天。

养怡之福,可得永年。

幸甚至哉,歌以咏志。

第三篇

附 则

一、诗词三十四首
（以创作时间为序）

闹元宵

野阔坡远村稀，

偶闻人犬声低；

上元流明皎皎，

群童舞刷嬉戏。

（写于2003年2月）

注：儿时，正处于计划经济时代，农村以生产队为基本生产单位，生产队里的大人们集体劳动，孩子们一起上学、一起劳动、一起玩耍。这里呈现的是一个情景，即闹元宵。元宵节前很久，生产队里的孩子们就开始到处收集已经用秃了的不能再用的被人扔掉的刷子（原本是刷锅用的），晒干后存起来，等到元宵节晚上系上绳子，到村边的麦田里点着了，在空中抡圈圈，这是当时农村儿童过元宵节的传统方式。

读诗有感

诗情满月娥,

阿儿长思索,

白雪伴蜡梅,

三影恋风月。

（写于2003年4月20日）

注：三影，指北宋张先。

拜星月慢（仿）·回乡

皓月爽心，稀星醉眼，望断乡野连天。犬声惊静，见邻村烟淡。喜相邀，暗问同侪伙伴谁先？相约齐聚碾盘。儿时游戏，值平生里玩。

忆童年，故乡情眠难。夜梦处，尽是旧时阡。眷恋故土多年，癸未除夕还。村庄见，不是他日院。遥望见，有人晒日暖。怎奈何，燕麦依依，汽笛声无咽。

（写于2004年1月）

注：除夕租车的人多，车主以按汽车喇叭的方式催还。

沁园春（仿）·海南

腊月海南，碧海连天，眴焕灿烂。游假日海滩，椰树楚楚；

热带雨林,鲜花争艳;时代景点,博鳌论坛,卷尽亚洲风云篇;纪念馆,听巾帼故事,长夜难眠。

南山观音菩萨,堪佑八方信女善男?看海底世界,多少斑斓;东海畅游,何等欢颜;八三四一,天成伟人,毛公闲卧瞩蓝天。赏不尽,陆离芳菲岛,如若梦幻。

(写于2004年)

注:毛公,指海南毛公山。

浣溪沙(仿)·茶思

春浅小小离家园,紫砂瀑中赤翩跹。碧浪翻腾醉群仙。

乍开香浓玉流暖,轻吻小口慢入咽。沁心润田道鸿渐。

(写于2004年)

南乡子(仿)·高天游云妙

高天游云妙,俯仰异观恁娇俏。天边晚霞今又在,重彩!鳞萃漫漫浮九垓。

不到观礼台,霞光清风好在哉。莘莘学子昨去了,又来。小女争胜大步迈。

(写于2004年5月)

注:有一天晚饭后,我和上小学的女儿一起来到中国人民大学运动场

散步。晚霞似火,彩云鳞萃,不经意间悠悠云朵布满天空,月亮、星星出没其间,时隐时现,微风拂面,清凉送爽,心情舒畅,逸兴飞扬。特填此词以记之。

游晋祠

唐风周遗晋祠游,丹柿飘香时正秋。

依稀古槐历百世,龙泉不老水长流。

邑姜叔虞可有恨,庙碑后人解君愁。

鱼沼飞梁分主事,皇天后土鉴悠悠。

(写于2011年10月22日)

赴阳关

天高气清来远客,

旧关赫赫灵遥思;

眴焕灿烂曛白日,

大漠茫茫任委蛇。

(写于2012年10月29日)

阳关(二首)

其一

故道关梁闭,

烽燧矗山墩。

白露无以戒,

严霜也无申。

其二

寂寥阳关欲绝端,

丰丰大神喜晏晏。

变古易俗逢盛世,

神州咸宁遍地仙。

（写于2012年10月29日）

月牙泉（二首）

其一

城南月牙泉,

八方鸣沙山。

千年不改容,

方家可心安?

其二

一弯新月落沙丘,

鸣沙古刹傍绿洲；

水边芦荻成纸贵,

万方仙客逍遥游。

（写于2012年10月29日）

嘉峪关

明城暗壁展两翼，

临口雄关通河西。

怀柔边陲帝王愿，

保家卫国戍卒宜。

（写于2012年10月29日）

阳关新曲

高老庄前彩旗飘，龙勒村中林荫好。

阳关城下领关照，观光车上客人闹。

古董摊前读遗诗，烽燧台上合唱俏。

摩诘大作垂千古，盛世中华逐浪高。

（写于2012年11月6日，北京）

注：高老庄，这里指从敦煌市驱车去阳关的路上，一处以《西游记》故事为背景建设的旅游景点。

忆送别母亲

麦秀肃肃雾满岗，

阿儿扶柩归故乡。

惊栗惨悽独怆怳，

泪涕潺湲心轸伤。

（写于2014年3月6日）

注：母亲郑风珍，1932年生，河南省邓州市白牛镇白东村人。2008年5月22日病逝，享年77岁。

祭母（四首）

其一
家母长眠福祥地，
婵媛七载莫知期。
轸怀万千心难易，
盼拜坟茔难作息。

其二
周五恰是娘忌日，
联航御我归故里。
郁郁含戚塞吾愿，
路远处幽灵遥思。

其三
伫立坟前遽曾伤，
揽涕抚情穆长鞠。
伤怀叹喟寒寒兮，
火纸炮仗寄哀思。

其四
麦秀肃肃邈漫漫,
坟茔亲亲涕淫淫。
争盛佛佛花迷人,
更有冰台沁我心。

（写于2015年5月23日）

读书有感

宇宙作稊米,
道德心中立;
三才兼两仪,
光芒照蜀地。

（写于2015年10月15日）

和显智友

昨日浑离去,
今朝梦方醒。
两年帅乡人,
一生帅乡情。

（写于2018年3月7日）

注：2016年至2018年我在地方挂职工作，于2018年3月离开挂职地

回京。微信收到挂职地友人任显智同志诗一首:"暂去还来此,幽期不负言!两年开州情,永远开州人。"

复长均友

昨日返京情未定,

忽闻帅乡有歌声。

汉丰湖水长千里,

不及长均送我情。

(写于2018年3月7日)

注:2016年至2018年我在地方挂职工作,于2018年3月离开挂职地回京。微信收到挂职工作地友人向长均同志诗一首:"惜别区长离开州,前程似锦在京城;千里相隔遥相望,盼你他日来帅乡。"

贺小女

小女求学澳与美,

学富五车满载归。

入职培训书新志,

兰桂齐芳定可期。

(写于2018年7月19日)

注:小女于2013年6月从中国人民大学附属中学高中毕业后,申请到

澳大利亚国立大学金融专业学习，2016年本科毕业获金融学学士学位；而后申请到美国约翰·霍普金斯大学攻读金融学硕士学位，2017年研究生毕业获金融学硕士学位。2018年7月18日她在参加入职培训时，利用中午休息时间，作诗《同行》一首。我读后有感而发。

附《同行》：

同 行

风雨潇潇，青云晁晁；
莘莘子兮，济济会兮；
萍水相逢，倾盖故兮。

风雨如晦，青云绰绰；
莘莘学子，求善待飞；
寒窗宝剑，锋芒初现。

风雨渐渐，得见青云；
我有嘉宾，鼓瑟吹笙；
月出皎皎，奏山之高。

风雨兼程，送我青云；
招阳引伴，兰桂齐芳；
与子相宜，与君共勉。

（写于2018年7月18日）

中华文化融合歌

光武危困麦饭香,

秦汉以后有磨坊;

五谷本是中原餐,

张骞带来西胡粮;

汉时新疆穿棉衣,

元明始才种冑羊;

唐时胡床传中原,

桌椅家具进汉房;

仕女高髻多婀娜,

胡旋柘枝成风尚;

风靡京华演百戏,

十部乐中六胡唱;

衣被天下黄道婆,

师承黎女在崖方。

（写于2018年8月20日）

注：秦汉以后才有面。棉花是元明时期从新疆传入中原的。胡凳、胡床、胡琴因其简便及特色，从西域传入中国，在中国生根发芽，流传至今。唐朝胡旋舞、柘枝舞和女子高绾发髻的装束都是从西域传入中原的。黄道婆的织棉技术乃师承海南黎族妇女。

童 年

天作穹庐地当床，

乡间阔野是戏场；

群童不知愁滋味，

忘情玩耍伴月光。

（写于 2021 年 11 月 27 日）

注：计划经济时代，农村以生产队为基本生产单位，生产队里的大人们集体劳动，孩子们一起上学、一起劳动、一起玩耍。这里呈现的是生产队里的孩子们晚饭后一起玩耍的情景。

读李陵筵苏武归汉有感

子卿持节赴匈奴，因故被扣十九年。
上林苑中射大雁，北海苏武帛书见。
汉使鹦学常惠语，单于惊讶惟道歉。
李陵设筵贺南归，匈奴扬名汉功显。

鲁齐三战皆败北，曹沫为将未曾撼。
庄公求和献遂邑，手持匕首胁齐桓。
汉庭姑且多宽恕，一削前耻亦虎胆。
报国无门泪纵横，忠勇义士多乖舛。

（写于 2022 年 5 月 14 日）

注：子卿，即苏武，西汉时期杰出的外交家、民族英雄。常惠与苏武一起出使匈奴，担任副使。

读唐明皇游月宫故事传说有感（四首）

其一

襟怀旷荡老顽童，
浩然畅想奔月宫。
法善率性作导演，
三郎忘情伴仙翁。

其二

雪链银桥小板筇，
扶疏遮荫一桂树。
八月中秋笙歌酒，
霜华满地夜半游。

其三

广寒清虚素娥姱，
霓裳羽衣斗三秋。
二八接舞奏紫云，
投诗合乐空桑秀。

其四
怕冷欲还意未尽，
再凑臆作在潞州。
风流天子生意象，
娱游月宫笑千秋。

（写于2022年5月18日）

注：传说某年八月十五中秋之夜，月色如银，万里一碧。唐玄宗李隆基在宫中赏月，笙歌进酒，凭着白玉栏杆，仰面远瞩，浩然畅想，急传旨宣召叶尊师叶法善，欲游月宫。法善应和并导游之。法善，即叶法善(616—722年)，字道元，号太素、罗浮真人，括州括苍县(今浙江省松阳县古市镇卯山后村)人，祖籍南阳郡叶县。

恰风赋

惠遥遥以流芳兮，影有动而风翔。
物有藉而施性兮，三才合而为一。
夫何毛公之造思兮，暨志介而不忘。
万变其情而有理兮，无虚伪之可长。

荼荠虽已同亩兮，性与质可保藏。
琼姿不必瑶台兮，兰茝幽亦独芳。
苟先贤之舒怀兮，拥惠兰而同芳。
寤从容与长友兮，意謇謇而恒长。

意晏晏而自适兮,居坦坦而无惕。
气平平而无梁兮,心豁豁而意密。
赞莲花之礚礚兮,赏波声之沥沥。
舒漫漫之无极兮,乐涌湍之相击。

蘋蘅芳而远蒸兮,烂昭昭之离离。
诵屈子之美文兮,闻省想而致极。
宁如电而驰奔兮,不负此心之仡眙。
意有隐而相感兮,心有仪而恰风起。

滋蝶兰以营营兮,志恢台而秘藏。
奋蝶兰而自强兮,忠湛湛而志芳。
驭温度而自适兮,心喻意其辉光。
抚爽心以益志兮,委厥美而自况。

君子之伤与守同兮,荠麦之茂与有为一。
熟能思而不畅兮,照当下公益之所以。
眇远志之所及兮,有曲魁之所依。
惟眇志之所存兮,藉文章以离离。

观炎气其相仍兮,赏彩云之相徉。
假光景以往来兮,存志极而自况。
凌大作而流风兮,吮甘露以棹航。

惟九章之辞丽兮，隐心志以华章。

叹蝶兰之壹志兮，傍蓿旦以子壮。
见兰蓿犹自适兮，知纯命之不当。
惜吾不及古人兮，惟壹志而师长。
藉恰风之孔嘉兮，刻著志以为像。
曰：
吾唱往昔之所冀兮，歌来者之茂行。
假广源之吉宅兮，寤纤歌而起征。
乘骐骥而驰骋兮，导以月与列星。
抚凌云而抗行兮，藉溥畅之恰风。
信情质之崴嵬兮，奉芳菲而隆明。
心作忠而言之兮，指苍天以为证。

（写于2022年6月5日）

注：毛公，指毛泽东，这里取《卜算子·咏梅》意蕴。莲花，指北京市西城区莲花河，广源小区所在地。屈子之美文，指屈原所著《楚辞》，这里亦泛指中国传统文化。公益，指公益广告。普希金说："读书是最好的学习。追随伟大人物的思想，是最富有趣味的一门科学。"莎士比亚说过："书籍是全世界的营养品，生活里没有书籍，就好像大地没有阳光；智慧里没有书籍，就好像鸟儿没有翅膀。"曲魁，指文曲星、文魁星，古时传说主文运。九章，即屈原《九章》，这里亦泛指中国传统文化。藉恰风，这里特指统驭天时、地利、人和之风，即新的机遇和抓住机遇之意。寤纤歌而起征，指广源小区周边"草木莽莽，百鸟萃中"，每天天不亮众

鸟鸣叫,像在迎接日出。这里指每天勤奋早起。

蝶兰颂

家有蝶兰,于阳台兮。

深红幽香,人皆爱兮。

筋藤接接,花缭绕兮。

蝶姿蹁蹁,玉嫩嫩兮。

纷纷翻翻,文章粲兮。

悠悠婥约,更壹志兮。

遥遥于廷,光灿灿兮。

秉德无私,计专专兮。

婷婷玉立,彬彬有礼兮。

绿叶华荣,纷其可喜兮。

温度不及,恃而不发兮。

有温有度,发而中节兮。

烈日炎炎,发而寒寒兮。

明光上下,旁作穆穆兮。

谦抑自慎,终不失过兮。

接续生发,岂不可喜兮。

重仁袭义,君子所盛兮。

愿刻著志,与长友兮。

淑离不淫,犹自适兮。

申旦达夕,奋不辍兮。

行比周公，置以为像兮。

（写于2022年6月7日）

晨鸟歌

仲夏帝都兮，恢炱烟华。
莲花广源兮，意密孔嘉。
草本莽莽，百鸟萃中。
申旦仪首，纤歌独行。
羲和杳杳兮，信期而倡鸣。
隔空越林兮，厥严优奉发显荣。

仲夏帝都兮，恢炱烟华。
莲花广源兮，意密孔嘉。
草本莽莽，百鸟萃中。
申旦仪乙，纤歌和鸣。
羲和朦朦兮，信期而惠声。
隔空越林兮，厥严优奉发显荣。

仲夏帝都兮，恢炱烟华。
莲花广源兮，意密孔嘉。
草本莽莽，百鸟萃中。
申旦仪丙，众鸟齐鸣。
羲和苍苍兮，信期而亹亹。

隔空越林兮，厥严优奉发显荣。

仲夏帝都兮，恢炱烟华。
莲花广源兮，意密孔嘉。
草本莽莽，百鸟萃中。
申旦仪丁，众鸟争鸣。
羲和沉沉兮，信期而调度。
隔空越林兮，厥严优奉发显荣。

仲夏帝都兮，恢炱烟华。
莲花广源兮，意密孔嘉。
草本莽莽，百鸟萃中。
申旦仪戊，众鸟翼翼。
羲和暾暾兮，信期而靡靡。
隔空越林兮，厥严优奉发显荣。

仲夏帝都兮，恢炱烟华。
莲花广源兮，意密孔嘉。
草本莽莽，百鸟萃中。
申旦仪己，众鸟雄雄。
羲和煌煌兮，信期而结言。
隔空越林兮，厥严优奉发显荣。

仲夏帝都兮，恢炱烟华。

莲花广源兮，意密孔嘉。

草本莽莽，百鸟萃中。

申旦仪庚，众鸟纷纷。

羲和昭昭兮，信期而繁会。

隔空越林兮，厥严优奉发显荣。

仲夏帝都兮，恢炱烟华。

莲花广源兮，意密孔嘉。

草本莽莽，百鸟萃中。

申旦仪辛，众鸟沐芳。

羲和赫戏兮，信期而容与。

隔空越林兮，厥严优奉发显荣。

仲夏帝都兮，恢炱烟华。

莲花广源兮，意密孔嘉。

草本莽莽，百鸟萃中。

申旦仪尾，众鸟屯屯。

羲和远举兮，信期而鸣逝。

隔空越林兮，厥严优奉发显荣。

（写于2022年6月12日）

注：莲花广源，指北京市西城区莲花河畔广源小区，莲花河公园及广源小区周边花草树木繁多茂盛，各种各样的鸟儿栖息其间。

雨霖铃（仿）·云销雨霁

云销雨霁，寤晨风清，天色朦胧。凭借光景起征，何所向，发轫天津。春秋迟迟不淹，惟风雨兼程。藉恰风，怀质抱情，笑看申生与后生。

自古有志事竟成，君不见宁伊姜太公。今时穷且益坚，眇远志，内厚质正。此去雄关，正是良辰千载难逢。浓漻兮天高气清，彩云万里行。

（写于2022年7月15日）

注：天津，指传说中天上银河的天津渡。

鹤冲天（仿）·收潦水清

收潦水清，正值恰风生。彩云万里动，发显荣。顺遂风云便，摅虹据青冥。何高辛灵盛？不实虚作，焉与日月并明？

申旦起征，吾将修姱禀命。幸有古圣贤，堪效行。惟悤知远察微，计专专，步列星。时不可再得，渡了天津，换得千秋惠声。

（写于2022年7月18日）

注：高辛，帝喾，姓姬，名俊。五帝之一。生于高辛（今河南省商丘市睢阳区高辛镇），故号高辛氏。司马迁说他是黄帝的曾孙。姬俊5岁时（前2270年）受封为辛侯，15岁（前2260年）辅佐叔父颛顼，前2245年颛顼死后，时年30岁的姬俊继承帝位，成为天下共主，以亳（今河南省

商丘市）为都城，号高辛氏，当年改元为帝喾元年，深受百姓爱戴。享寿100岁。死后葬于故地高辛，建有帝喾陵。

望海潮（仿）·日月不淹

日月不淹，人生短暂，贤人自古惜华。苏子刺股，孙康映雪，遨琨宵衣练打。天不可预虑，道不可预谋，靰羁修骖。年岁未宴，驻景挥戈，指天涯。

置像绝代清嘉，有三皇五帝，诸子百家；唐诗宋词，楚骚元曲，天文地理人华。善不由外来，名不可虚作，持操当下。袭义重仁谨厚，皇天无私夸。

（写于2022年7月22日）

水调歌头（仿）·驭风长歌吟

意密恰风起，扶摇今征新。九天二曲相迎，邀我视列星。但见武神湛湛，又有文贤丰丰，众灵历临临。与天地相参，与日月相应。

追光阴，逐遗风，参古今。方论得失明著，立名有誾誾。尽心慈润天道，竭力德化昆仑，大贤虎变新。持操岂独古，驭风长歌吟。

（写于2022年7月28日）

注：二曲，指北斗七星之文曲星和武曲星。

誾誾（qín yín），指高锐貌，这里指立名需要有所依凭。

念奴娇（仿）·时光

时光没了，时光真没了，恍若日落。时光没了，何见得？花甲回首若若。匆匆岁月，不可复追，昨日过去了。时光不在，时光真的没了。

急景流年是竟，时光有了，时光真有了。一寸一分皆留下，不日如季所获。珍惜当下，其值无价，今日抓住了。时光如驻，时光真的有了。

（写于 2022 年 8 月 8 日）

摸鱼儿（仿）·梅花

谁曾说、喜爱寒多，匆匆春夏离去。喜寒最会周遭怨，何况叶飞无数。暖风驻，君不见、高天雁阵衡阳路。恁风呼呼。算名园棘丛，寒鸦数声，白絮藏幽径。

瑶台事，原本诗家俗语。花神总有人护。数遍读罢季迪诗，脉脉此情难诉。君莫笑，君不知、诗心满满无从著。词穷心苦。但寻雪满地，月明林下，依萧萧竹处。

（写于 2022 年 8 月 24 日）

秋思（四则）

八月初秋流火西，
早晚凉意穿单衣；
人人都说时节好，
不见垂柳摇依依。

寒天将至冷风森，
白露戒罢严霜申；
烦挐交横浸枝雨，
烟邑萧瑟叶落尘。

书斋独坐听秋雨，
一盏清茶亦酣然；
四时更替天心事，
无关远轴对远山。

不知春秋有几何，
日有孜孜心自甘；
朴素淳庞太古阔，
回心向道志薄天。

（写于2022年8月31日）

复张布友

旧事历历目，

故人音讯无；

偶有半尺素，

捻之如尺玉。

（写于2024年1月2日）

注：2024年1月2日，我收到友人张布短信："君主多更迭，唯有老臣在；时代如白驹，人生恋旧事。"

无 题

举动出人意想外，

纯识化德大同来；

智无常局恰其局，

无心而合非千虑。

（写于2024年4月11日）

注：纯识，指人的纯意识。大同，指大同世界。

二、我的六十载旅程

我是农民的儿子。农历一九六四年三月初九出生于河南省邓州市高集镇王庄村。王庄村在邓州市西约15公里，属于偏僻的农村，地貌是缓坡长岗，不靠近乡村公路，交通不便，出行困难，现在有了村村通，交通条件大为改善。我的父亲王正一农历一九三〇年六月初九生，母亲郑凤珍农历一九三二年十二日十八日生，外公家在邓州市东15公里的白牛镇，都是地道的农民。父亲小学毕业，母亲小的时候读过三四年书，在新中国成立初期偏僻的农村算是比较有学问的人了。父亲曾在民校教书。我兄弟姐妹比较多，姐姐王增勤（农历一九五一年十一月二十六日生），哥哥王增瑞（农历一九五五年二月二十五日生），三弟王增保（农历一九六七年十二月二十九日生），四弟王增全（农历一九六九年八月十一日生）。我是家中第三个孩子，男孩排老二，父亲给我起名王增勇。记得我有两个妹妹，一个两三岁夭折，一个12岁夭折。

（一）

童年，我是被关爱的。由于我的姐姐、哥哥长我比较多，均不与我争胜。幼年的我，曾经和现在一些娇生惯养的男孩子一样，留着一个长长的辫子，当时家人和村上的人都叫我"大辫子"，后来懂事了，知道害羞了，特别不愿意人们叫我这个小名。1967年（也许是1968年）春节的时候，我四五岁，舅家的大表姐来我家拜年。有一天晚上，她一边帮我母亲烧火做饭，一边教我唱歌。教我唱的什么歌我一点都记不得了。这也许是外面世界带给我这个偏僻农村孩子的一股小小的新风吧，从那天晚上过后，我唱起自编的歌来。"菜团子，吃罢了饭，依次擦两眼，……，十六条，定得好，定也么定得好，……"当时竟然在村中小有名气，很多大人、大孩子们见了我，就让我给他们唱。后来，我知道害羞了，不愿意给他们唱，他们就想方设法哄骗我唱。这是我童年最早的记忆。现在想来，童年的我，该是幼稚、懵懂、无忧无虑、人见人爱的。

　　童年，生活是异常艰辛的。20世纪六七十年代，农村生活普遍很困难，王庄村家家户户都只有很少的细粮，过年都很少能吃上"白馍"，大多是白面和红薯面一起蒸的"花里卷"，而"花里卷"中的白面很少，就像一张白纸那样薄，家家户户主要靠吃红薯、红薯干、红薯面窝窝头、红薯面面条、红薯面稀饭、干红薯叶、干芝麻叶度日。特别是春夏之际，青黄不接，大雨过后，村里的人都去草地里捡拾地皮菜，拌红薯面蒸一蒸吃或炒着吃，而地皮菜吃多了，不好消化，对胃极为不好。1969年或是1970年冬天，母亲得了叫"阿米巴痢疾"的病，因为当时医疗条件和生活条件太差，大队（村）的大夫看了一段时间，母亲也吃了一些药，却总是治不好，加上长期缺乏营养，身体异常虚弱，后来躺在床上根本爬不起来。春节前的一天晚上，母亲真的要不行了，一家人围站在母亲的床边，不知所措。也许是心灵被触动了，我没有给任何大人讲，就悄悄地跑出了家门，一口气跑到离家比较远的王庄村王大夫家，请他给母亲看病。大夫正要出门往我家来的时候，听到我的父亲边跑边喊着："我的妈呀！"也来请大夫了，很是紧张。村里大夫看后，用了药，让我们连夜把母亲送到公社卫生院住院治疗。因为公社卫生院离家有五六公里路程，且有大岗坡、路难行，我真怕母亲在路上出现意外，所以一心求大夫与我们同行。但大夫却说，不会有事的，不愿意陪同前往。我真心遗憾至今。等我们慌慌张张地到了公社卫生院，我的心才一下子落了地，踏实了下来。

记得有一次，我生病发高烧，很严重，家人担心村里药铺没有好药，怕大夫治不好我的病，老父亲背着我深一脚浅一脚，走过漫坡长岗，越过深沟凸阡，把我带到两三公里远的河南共产主义劳动大学医务室。大夫态度特别好，给我打了针、开了药，还让我们坐在他那里喝水、休息，我备受感动，现在回想起来也是感激不尽。这也是我记事中第一次在屁股上打针，终生难忘！

父亲今年95岁，尚健在，衷心祝愿老父亲健康长寿！

还有一次，母亲在生产队磨坊里用石磨磨面，一直从白天劳作到夜里，辛苦极了。因为家家户户都要用生产队磨坊和生产队饲养的驴来磨面，所以用磨坊和驴是要排队轮流使用的，轮到谁家磨面了，谁家就拼命地加班加点地通宵地干，争取把要磨的面都磨出来。因我家磨坊是草房，煤油灯的位置距离磨坊房顶斜坡比较近，油灯烤的时间长了，房顶被烤着了，引起了一场火灾，多亏旁边邻居多，救火及时，只是把房顶烧了一个不大的洞。我当时正好在磨坊陪着母亲，对火灾之事十分清楚。此事在我的心灵深处留下了很深的烙印，真的令我后怕，如果救火不及时，把整个房子烧了，岂不成了"天大"的事故？随后的几天晚上我一连梦到磨坊着火。

那时，生活十分艰辛拮据。哥哥和我上学需要交学杂费，需要买笔、作业本，家里需要买日常所需的油盐酱醋，基本上都靠卖粮食或家里饲养的家畜来维持，也曾一度靠母鸡下的蛋来换钱。这种异常拮据的生活状况，常使我在学校老师和同学面前很难为情，我知道当时父母他们更为难。这是我一生坚持生活节俭、从不奢侈浪费的原因。

童年，我是品学兼优的。记得上小学前一段时间，可能是为了让大人们都去参加生产队里的集体劳动，生产队利用炕烟炉开办了托儿所。上小学前大一点的孩子们都集中在那里，有人看管，也有老师教大家认字和算术。我记得没过多久就开始报名上小学了。

那个时候，父母和姐姐参加生产队里组织的集体劳动，我和哥哥上学。母亲生育期间在家里照顾孩子，不上工。父亲和几个劳动力负责喂养生产队里的牛和耕田，起早贪黑地劳作在牛棚和田间地头。每天都准时准点，半夜喂牛，天不亮就上工。早饭和午饭总是回来草草吃罢就又上工了。每天日落黄昏才拖着疲惫的身体回家。母亲每天总是天不亮就起来，为一家人烧火做饭、干家务、照顾弟弟妹妹，有的时候也去上工。晚饭后，父亲总是先躺在床上，让哥哥和我在煤油灯下学习、背书，等到我会背了，再到他床边,给他背一遍才让我睡觉。母亲总是很晚才收拾完家务,然后开始坐下来做针线活,纺线、织布、做衣服、做鞋子、缝缝补补,寒来暑往,没日没夜地劳作。不过,那时的我背书很快,老师要求背的课文,我一般读三遍就能背下来了。每天总是在母亲收拾完家务前,就在父亲面前背完上床睡觉了。可能是家庭生活压力太大,父亲性情很急,动不动就发脾气,我们小的时候也包括我的母亲,经常会因为一件小事而被他教训。记得有一次,我有一门功课没有考好,被父亲狠狠地打了一顿。也许正是他的严格要求,使我从小对待学习一丝不苟,而且很刻苦,学习成绩一直很好,在班里一直都是班干部,班长、学习委员、文艺委员都做过。

记得小学四五年级的时候,有一位邻村的学生,从当时县城里的学校转到了王庄小学来读书,大家都觉得他在县城里上过学,很牛,都很羡慕他,他还带来了很多没有装订的油印的数学练习题页,我们都没有见过,当时觉得像珍宝一般。我们班上几个学习比较好的同学向他借看,他同意了,但给我们的期限很短,好像只限一天时间。我们几个同学商量,到我家去,用一个通宵把上面的练习题全部抄下来。那天晚上晚饭后,我们几个小伙伴把我家的小桌搬到院子里,点上煤油灯,开始分工抄题。刚开始的时候大家信心十足,决心干一夜,一定能够把所有的题抄下来。可抄着抄着,一位同学就困倦了,倒下就睡着了,过了一会儿又有一位同学倒下了,大概到凌晨两三点钟的时候,第三位同学也实在顶不住了,也倒下了,只有我坚持到最后,把所有的练习题抄完了,等我抬起头来,发现东方的天空已经蒙蒙亮了,我感觉到完成任务后如释重负的轻松和愉悦，好像没有觉得疲倦！现在看来，还是我的吃苦精神和意志力比较强。正因为我的学习成绩和在学校里的表现突出，每一个学期期末，都能被评为三好学生，学校老师和同学们对我也都很好。

记得上二三年级的时候，一次偶然的机会，我去一位叫王万金的民办老师那里送班里的作业本，在那里我看到一本书，上面有《三大纪律八项注意》的歌词和音乐简谱，因为我会唱这首歌，我就用已经会了的调唱简谱，一小会儿竟然会唱简谱了。王老师发现后，可能觉得我这个小孩很聪明，自学简谱一下就识谱了，而且还一下子学会唱了，他当时给我以肯定和鼓励，我很高兴，很以为荣。

王庄小学地处偏僻农村，条件不好，只有为数很少的几个公办老师，工资比较高，吃住在学校，生活条件相对好一些，冬天天气冷的时候，年龄大的公办老师会在他们的办公室兼宿舍里燃上煤炉取暖。当年有一位50多岁教小学二三年级的赵诚心老师，冬天下大雪的时候，让我到他的办公室兼宿舍去烤火取暖。每当想起此事，我的内心都充满了感激，也十分温暖。在王庄小学上学期间，当时的邓县（今河南省邓州市）歌舞团招小演员，学校推荐了我，经学校、公社选拔，最后到县里由专业人员考核，我没有被录取。

童年，有两次意外事件是刻骨铭心的。上小学期间，我记得学校组织过两次师生现场观摩活动，使我终生难忘。一次是1976年9月9日，那天我们王庄小学组织学生到距小学约1.5公里的河南共产主义劳动大学（其前身为劳改农场）观看篮球比赛，据说是北京来的专业篮球队在这里进行友谊比赛。老师和学生们在篮球场的周围席地而坐。篮球比赛刚开始不久,突然停止了,紧接着广播开始伴着哀乐反复播放一则噩耗:毛泽东主席在北京逝世。最后篮球队员迅速收拾东西登上大巴车离开了。这是我人生首次观看一个如此"高规格"的正式体育赛事,同时也是第一次在第一时间直接听到来自北京的声音,且是如此重大的消息,我幼小的心灵震撼极大,好像天都要塌下来了。

还有一次,学校组织到约2公里远的张沟水库,观看水上运动比赛,老师和同学们都自带午饭,中午同学们解散自行吃饭休息,发生了一件让我终生难忘的悲剧:一位小同学,他是河南共产主义劳动大学教职工的子弟,非要下水库游泳,同学们劝他,他不听,他跳下去后,半天不见上来,几个孩子喊叫起来,正在打牌的几个大孩子马上跳下水去,在水下把他捞了上来,并且狠狠地批评了他,让他好好待着,不要下水了。那几个大孩子又开始打牌。可不知怎么回事,这孩子不听话,又猛地跳下水去,这一跳就再也没有上来,很多人在水下找,就是找不到他,等到好不容易找到他的时候,他已经被淹死了。当他的父母赶到现场,看到儿子的尸体时,悲痛至极!他的父母都是共产主义劳动大学的高级知识分子,非常明事理,表示:人已经死了,讲啥也没有什么意义,也不予追究了。他们把孩子的尸体拉回去了。就这样,一个花样年华的生命永逝了。真不知道,还有几个人记得他。在这里多说一点的是,现今的张沟水库,已经被建设成为一座集城市供水、工业用水、农业灌溉和防洪于一体的中型水库,总库容1244万立方米,且已实现常年蓄水。2024年11月,我回邓州老家到水库参观，因大坝和水库区处于岗坡上，地势很高，站在大坝上向北望，清澈的库水像是高高地悬在空中，宛若明镜高悬，加之周边环境绿化美得像一座大花园，更有多种水鸟栖息其间，真是把此景装点得像仙境一般。我的家乡王庄村就在水库正北方约1公里的地方。

童年，劳动是辛苦而快乐的。上小学期间，我在业余时间经常帮家里干农活。一是割草，可以用于喂羊、鸡、鸭等家畜，还可以交给生产队，用于喂生产队里饲养的牛，生产队按重量折算成工分，家庭工分多少是生产队分配各种物资的基础和依据。二是拾柴，主要用于家里做饭。那时，王庄村不通电，没有煤，更没有煤气，烧火做饭，必须有柴草，所以那里家家户户、大人小孩，一旦有空闲就到处拾柴草，这是必需的、经常的。三是溜红薯，当生产队把地里种的红薯收走后，很多大人、孩子都会利用业余时间，到地里去溜红薯，用于补贴家用，好一点的人吃，不好的喂猪喂鸡喂鸭。记得有一个星期天，我和同村的小伙伴去河南共产主义劳动大学拾柴，遇到了我们同班同学周宛斌，他是劳动大学教授子弟，他把我们几个邀请到他家里去玩。他的母亲非常和蔼，热情地接待了我们，让我们吃她刚刚煮熟的土豆，而且还告诉我们土豆怎么种，这是我第一次见土豆、吃土豆。另外，我在他家里还第一次见到了大大的柿子椒，很是新奇，因为家里菜地里种的辣椒都是细细的、长长的。四是拾麦穗。分两种情况，一种情况是由生产队组织暑假中的小学生，到大人收割后的麦田里捡拾麦穗，或大人们在前面割麦子，小孩子们跟在后面捡拾麦穗，每个人捡拾的麦穗称重后交给生产队，按重量折算为工分；

另一种情况，是到生产队收割后的且允许自行捡拾麦穗的麦田，捡拾到的麦穗归自己所有，这往往都是集体捡拾过的麦田，所以每次收获甚微。这里有一种特殊的情况，就是"放哄"。所谓"放哄"，就是生产队里的小麦收割后，不允许任何人进去捡拾，生产队里确定一个时间点并提前告诉各家各户，大家都提前到麦田边上等着，时间一到，大家蜂拥而入，开始捡拾麦穗，谁家捡拾的归谁家，有的家庭一次可以捡拾一大车。这种情况其他生产队的人是不能进去捡拾的。五是看红薯窖，生产队里种的红薯，每年要预留一些储存在红薯窖中，等到第二年春天育苗用，这样从秋天红薯储存在窖中到第二年春天育种，这几个月时间需要派人看管，特别是晚上要有人看护，防止有人偷。我小的时候，晚上常跟随父亲一起到离家两三公里远的地方看红薯窖，那里正好有几间空房，晚上睡在那里，第二天早上起来回家，生产队给记一些工分。看红薯窖这件事，在我幼小的心灵里留下了很深的烙印。因为秋冬季节，天气比较冷，天也黑得早，每天晚上晚饭后我都要和老父亲一起摸黑走路；因为距离远，隔一个村庄，还要走一个长长的岗坡，当走到那个村庄的时候，村里的狗就开始叫起来，我有点怕，担心蹿出一条狗来，咬人；走过这个村庄就是一片阔野大岗坡地，地中间还会有一些坟地，有的坟地里还长着树，我又担心有鬼，有时走在父亲的前面或旁边都觉得不自在，走在后面就更是觉得不自在。天气好、有月光还好，当遇到刮风、阴雨、下雪天，伸手不见五指的黑天，更是心里发怵，有时头皮发紧，头发直竖。当然，大人们干农活，天天走这些熟悉的路，他们可能没觉得什么。我曾经为此作过一首诗。六是开荒，记得有一年，可能是国家为了保障群众生活，生产队给每家分了一点自留地，各家自行管理自行耕种，收获全部归自家。虽然自留地很少，平均每家也就三分地，但极大地调动了每家每户的积极性，自留地经营得一家比一家好。后来又有一些群众利用空闲，把一些荒地开垦了起来，也种上了庄稼。老父亲也开垦了一块地，大概有半亩，庄稼长得很好，虽然收获的东西很有限，但也能感觉到一家人辛勤劳动收获的喜悦之情。后来，政策又有了一些变化，生产队又把各家各户的自留地和自行开垦的土地收归了生产队。七是种菜，生产队按家庭人口数，在村一个大的池塘边为每家分了一小块地，用于每家每户种菜。夏天天气热，三天两头需要给菜地浇水，就是把水从池塘里提起，倒进水沟，让水自行流进菜地。我虽然很小，中午经常和村里的伙伴们在池塘里游泳玩水，但也经常帮助哥哥一起浇菜地，这是一件很有意思的事，总是让我辛苦且快乐着。八是晒红薯干、捡拾红薯干，那时每家每户为了维持一年的生计，秋天都大量地晒红薯干。先用刨子把红薯刨成片，撒在小麦田里晾晒，晒干了捡拾回家，储存起来，供一年食用。用刨子把红薯刨成片，是要用力的，且容易伤到手，一般都是大人们干；当大人们把红薯刨成一筐一筐的红薯片并撒在田里后，小孩子可以干的事，便是把那些摞在一起的红薯片分开来，因为摞在一起不容易干；有时为了让红薯片尽快晾晒干，大概两天后，半干不干的时候，还需要把红薯片全翻一个面，再放在地里晾晒，这样可以大大缩短晾晒干的时间，以防下雨造成损失；有时红薯片虽然没有干，但也差不多了，下雨前也要把它捡拾回家，在家里慢慢晾干；有时红薯片还没有晾晒干，天下雨了，红薯片会发霉，烂在地里，那就惨了；有时红薯片晾干了，还没有来得及捡拾，半夜突然天变了，要下雨了，一家人就得突击去捡拾，再困也得起来去捡拾，遇到这种情况真是辛苦之至。以上这些劳动我都干过。很多没有讲到但也干过的劳动，因为我很小，只是参与一下，有时甚至只是玩耍性质的，但劳动的艰辛、劳动的不易、劳动的快乐，我是深切地体会了的。我尊重劳动、热爱劳动，在我的心里，劳动光荣深深地扎了根！

  童年，玩耍是幸福忘情的事情。小伙伴们在一起玩耍，是十分幸福的时光。那时，国家实行的是计划经济，生产队是最小的生产单位，劳动力一起上工、一起劳动、一起收工；孩子们结伴上学，放学后结伴去割草、拾柴或玩耍。男女老幼长年都住在村子里，小孩子们很多，不像现在，劳动力基本上都外出打工了，只有老人和小孩留守在家里；有的连老人和小孩也接进城里去了，村子里根本就没有多少人，也没有几个小孩，玩也玩不起来。另外，现在是以家庭为生产单位，各家各户干什么，什么时间出工，什么时间收工，什么时间吃饭，很自由，但这给孩子们在一起玩耍带来了很大的影响。原来我总觉得城市里的孩子幸福，他们有各种各样的游戏，吃得好、穿得好、玩得好，教育也好。可最近我简单理了一下，我的想法变了。我们那个年代的孩子们，"天作穹庐地当床，乡间阔野是戏场；群童不知愁滋味，忘情玩耍伴月光"（《童年》，详见本书诗词三十四首），无拘无束、天真、索性、自在，幸福感满满！玩过的游戏就有二十多种：老鹰捉小鸡，指星星，捣鸡，猪唠唠藏猪娃，打片子（也叫打四方，道具是用纸折叠而成的片子），打哇呜，踢毽子，跳绳子，捉迷藏，金豆银豆咳叭一蹴、丢手绢、打牌、自导自演戏、打瞎驴、跳方、下蛤蟆跳井、大王吃小王、狼背娃棋、下军棋、翻百过、跳马、打翘、栽毛跟头、打撤离花、打毛毛转、推铁圈。为此，我还专门填写了一首词——《拜星月慢（仿）·回乡》（详见本书诗词三十四首）。

皓月爽心，稀星醉眼，望断乡野连天。犬声惊静，见邻村烟淡。喜相邀，暗问同侪伙伴谁先？相约齐聚碾盘。儿时游戏，值平生里玩。

忆童年，故乡情眠难。夜梦处，尽是旧时阡。眷恋故土多年，癸未除夕还。村庄见，不是他日院。遥望见，有人晒日暖。怎奈何，燕麦依依，汽笛声无咽。

童年，生活是丰富多彩的。那时在农村经常放电影，周边村庄、河南共产主义劳动大学，甚至三四公里远的五机部的一个点和国家广播电视中继转播站，只要听说有电影，小伙伴们就结伴而行或跟随大人一起去看。电影都是露天的，大家都可以去看。有的距离近的，搬个小凳子坐在那里看，绝大多数人是席地而坐。为了看电影方便，有时同学之间相互请，吃住在同学家里。另外，公社有一些小的宣传队，有时候到村里演出，大家坐在地上看。有一次，河南共产主义劳动大学学生排练的节目到村上来演出，那时我还没有上学，我的姐姐带着我来到演出现场，她让村上的熟人把我放在最前排，席地而坐，有一首歌舞，其唱词"实习课开起拖拉机，毛主席的恩情记心里……"令我印象深刻。有一次，邓县歌舞团到王庄村演出，那时我也很小，是跟着家里谁去的，现在一点儿也不记得了,只记得人山人海,散场后,很多家人都失散了,相互找不到,喊人声此起彼伏,场面真是混乱。那次我虽然去了,但好像什么也没有看到,什么也没有听到,连演出舞台都没有看到。

另外,村子里时常有挑着担子理发的、卖货的,也有耍猴的、玩把戏的,还有拿着棍子或敲着梆子要饭的,还有算命先生、看地先生,千奇百怪,无奇不有。每当这些为生计而东奔西跑的人来到我家门前,母亲总是把家里最好的东西拿出来,送予他们吃,有时还让我拿给他们。每当做这些善事,我心里总是暖乎乎的,很是高兴。童年,我总是盼着过年,因为过年可以贴春联,有喜气、有新意,吃好的、穿新的,可以放炮仗,还可以走亲戚、得压岁钱,特别是到正月初五,有的家庭用陈蛋树扎花,插在院子里的粪堆上,很好看。到了正月十五晚上,小伙伴把提前准备好的晒干了的刷子疙瘩,用细绳子拴了,来到村边小麦田里,点着了,抡,很远都能看到;天气好时,明亮的月光下,一群小伙伴在麦田里嬉戏玩耍,甚是高兴。为此,我也作了一首诗——《闹元宵》:

> 野阔坡远村稀,
> 偶闻人犬声低;
> 上元流明皎皎,
> 群童舞刷嬉戏。

有一首关于过年的童谣:"二十三,炕火烧;二十四,扫房子;二十五,磨豆腐;二十六,去割肉;二十七,杀灶鸡;二十八,把面发;二十九,蒸馍篓;三十儿,贴对子;初一儿,供鸡儿。"这里记以广之。

童年,房与路是魂牵梦绕的。小的时候,村子里家家户户住的都是草房,也就是小麦秆碾轧后铺在房顶上,固定好,新铺的房顶还好,下雨一般不会漏雨。两三年过去,房顶有的地方就开始漏雨。时间久了,房顶很多地方都会漏雨。外面下大雨,屋内下小雨。有时下小雨,屋里也会漏雨。从记事开始,每当下雨的时候,特别是下大雨的时候,尤其是遇上连阴雨天,家里到处漏雨,到处都需要水盆接水,很多时候床上也漏雨,晚上睡觉都找不到一个可以安稳躺下的地方。每次大雨后,都需要用柴草对房顶做一些修修补补,但均不能解决问题,下雨了仍然会漏水,或者是下小雨时不漏,可下大雨时又漏了。有的家庭因房屋漏雨,墙竟然都被泡倒了,只能到生产队的公房中去暂住。王庄村地貌特点是漫坡长岗,但不靠山、不临水,没有任何自然资源可供利用,土地肥沃,但土地属于生产队集体所有,其上的一草一木都归集体所有,有时有的家庭即使房屋漏雨也没有办法及时对房顶进行修缮。后来,我家在生产队分配的新的宅基地上盖了新房,住房条件才有了较大改善。但童年住房经历,成为我一生魂牵梦萦的问题,即使改革开放后我家全部住进了楼房,我早已离开家乡,到南京上大学,后来到北京工作,仍然晚上经常做梦,梦到王庄村或王庄村周边庄稼地里高楼林立,成为繁华的街市。"安得广厦千万间,大庇天下寒士俱欢颜",真的成了我的梦想。王庄村地貌是漫坡长岗,村庄就坐落在岗上,肥沃的黑土地,非常适宜庄稼生长，但这样的土质有一个特点——黏性极强，下雨天道路泥泞，穿着鞋子无法行走，有时鞋子底下能粘出五六厘米厚的泥巴，使人根本走不动，泥巴吸着鞋子，粘着脚，大家都戏说："这泥巴可真亲热人！"这讲的是个人出行。如果生产队里收割庄稼，劳动力们外出拉东西，遇到下雨那简直是"叫天天不应、叫地地不灵"，根本走不动。这时，就需要从路边找个柴火棍子或碎瓦片，走几步，用棍子或瓦片把车轮子上的泥巴刮掉，再走几步，再刮掉，往往这时的人，急得浑身直冒汗，浑身被雨水淋透，雨水、汗水会顺着头发、眼睛和脸往下流，真是欲哭无泪。最后干脆不走了，任雨下吧，或者把车放在那里，人到附近能避雨的地方待着。等雨不下了，路上能走了，再想办法把车子拉回家。这是极端的情况。一般情况下，当拉车人发现天真的要下大雨了，会就近把车寄存在熟人处，自己打着赤脚，借个塑料袋子披着，先回家，等天气好了，路能走了，再去取车。在农村经常能看到，下雨天有人打着赤脚、肩扛着自行车，一只手扶着自行车，一只手提着一双鞋子，走在乡间的小路上。自行车本来是骑的，可是一遇到下雨，连推都推不动了，更不用说骑了，只能扛着走。道路的问题，也成为我一生魂牵梦萦的问题。多少年来，不管是在南京上学，还是在北京工作，经常晚上做梦，梦到宽阔的马路修到了王庄村，甚至多次梦到漫坡长岗建起了宽大的现代化桥梁，而且有盘旋的阶梯从地上通向桥面，何等宏伟辉煌！农村通路，百姓出行方便，真的是我一生的梦想。现在有了村村通，解决道路交通问题的梦想早已变成现实！真心感谢党和政府，感恩这个新时代。正因为童年日复一日、年复一年的经历，在我去地方扶贫挂职工作期间，对于解决群众"两不愁""三保障"（就是稳定实现农村贫困人口不愁吃、不愁穿；保障其义务教育、基本医疗和住房安全），解决农村村村通硬化路等问题上，我都是不遗余力，因为这一直是我的梦想！

（二）

后来，我的姐姐嫁到了邓州市东城区刘家营，成了市民，每月有粮食供应，姐夫孙培基当时是邓县一中职工，他们都有工资，虽然生活还不十分宽裕，但温饱是不成问题的。我到邓州市一中上初中（当时邓县一高中有初中班），吃住在姐姐家。姐姐家对我上学的帮助是极大的，在当时的条件下，单靠我们家，要到邓州市一中上学，是很不现实的。多亏了姐姐家在城里，并且正好就在邓州市一中大门外，既解决了我的吃住问题，而且还特别方便，基本上使我毫无后顾之忧地读完了初中、高中。

上中学是紧张辛苦的。邓县一中有初中部和高中部，学制均为两年。我1979年初中毕业考入高中部学习时，邓县一中初中部就被撤销了，我是最后一届初中部的学生。我记得刚上初中的时候，有一次，我和母亲到舅舅家去。舅舅是新中国成立前参加工作的老革命，当时任邓县水利局局长。他当着我母亲的面对我说："你可要好好学习，学习好了，将来考上大学，那可就上天堂了。"说者无意，听者有心。母亲一直把这句话放在心上。直到有一年我在南京上军校放假回家，妈妈告诉我："你看，你舅舅就是君子嘴里没虚言，他说你好好学习，学习好了将来考上大学就上天堂了，我们看到你给家里写的信，信封上的地址就是南京海福巷天堂村！"这真的是巧合。

初中毕业前我还加入了中国共产主义青年团。当时，高一年级新生有8个班，是按全县招收新生的成绩排班的，我是高一（1）班；升入高二年级时，学校按照高一年级学生的成绩，抽组了两个尖子生班，即高二（5）班和高二（6）班，我是在（5）班。上初中、高中的那几年，同学们为了中考、高考，都是日夜读书、学习、做作业，应付各种各样的测验、考试；老师也抓得很紧，讲课、答疑，监督学生做作业、自习，日复一日，从不懈怠；家长，不管知情不知情，见了孩子，总是千叮咛、万嘱咐，告诫孩子要认真听讲、做作业，不懂就问，生怕孩子在学校不好好学习，将来考不上大学。中学阶段，我的学习很有规律，从来不"加夜班"，每天都基本上按照学校的作息时间，准点睡觉、准点起床；上课认真听讲，下课复习、做作业；学习上，我一直属于第一梯队，没有太大的压力，我觉得学习越会越容易，越不会才越难。有的学生，每天晚上都熬夜，总是学到凌晨一两点，白天老师上课时，趴在桌子上睡觉，恶性循环；有的学生，加的"夜班"太多了，时日一长，身体受不了，叫着头疼头晕，更有甚者，精神衰弱，还有休学的、退学的，真是辛苦到极点了。现在看来，学校真应该请心理咨询师，定期给学生们上上课，以调节大家的心理压力。当然，学校老师也经常给大家讲，劳逸结合，也组织跑早操、课外活动，但总会有一些特别刻苦的学生，尤其是熬夜的学生参加不了，要么起不来，要么"加班"学习去了。不过，我是全部参加的。我认为，早上跑步或课外活动时，要全神贯注地去体验跑步、体验课外活动，这样才能更好地起到锻炼身体和缓解紧张学习压力的作用。有的同学,早上一边出早操一边听英语或者背书,得不偿失。其实,不管做什么,全神贯注是取得最佳效果的法宝,锻炼身体亦不例外。锻炼身体时,细心去体验锻炼身体时身体的感受,才能真正放松心情,起到减缓紧张压力的作用,而且在此过程中还能体会到锻炼身体的乐趣,有了乐趣,体验才能更好也才能更好地坚持锻炼。否则,一边高强度学习,一边高强度锻炼,那不是雪上加霜吗?这样既不能放松心情、缓解压力,也不能收获锻炼身体本身的体验。没有体验,就缺乏对锻炼身体的认识,当然也就不可能体会到锻炼身体的乐趣。记得高二学习最紧张的时候,也就是高考前冲刺阶段,学校组织了一场高二(5)班和高二(6)班的篮球比赛,我也参加了。两个班的同学除了参赛队员,基本上都在旁边做啦啦队。同学们都沉浸在激烈的篮球比赛之中,对于大家放松学习的紧张情绪和释放心理压力,起到了非常好的作用。几十年过去了,那场比赛的场景我至今都记忆犹新。

在城里读书很不易。由于国家恢复了高考制度,家家户户都想让自己家的孩子上最好的学校,特别是上邓州市一中。学生们能够到邓州市一中上学,那基本上离上大学的梦想就不远了,学生们很自豪、很高兴,家长们也很光荣、很期待。入学后,我们高一(1)班班主任兼语文课老师赵新科布置的第一篇作文,题目就是《当我接到录取通知书的时候》。有一位同学的作文,被老师当作范文之一,让他在班里读给大家听。我记得,他在作文最后几句发出的感叹是:"喜呀喜,这次是个小喜,下次还有个大喜呢!"引得全班同学大笑。的确,全市统考,择优录取,考上邓州市一中很不容易。但对于很多学生来说，考上了一中，面临的困难更大。因为，虽然改革开放了，但农村也只是刚刚解决了有饭吃的问题，学生进城上学，要住宿、吃饭、交学费等，对不少家庭来说困难仍然很大。大部分农村学生每周或每十天半月，需要从家里带吃的到学校，包括红薯、玉米、红薯干、黄豆、绿豆、豇豆、小麦面、各种蒸好的馍……学校食堂非常人性化，把每个学生交上来的吃的东西，登记造册，分门别类，标上名字蒸、煮加工。每到开饭的时候，大家基本上各吃各自带来的东西；同时食堂也会统一做几个价钱不等的菜，供学生们购买。有的学生每顿饭都吃蒸红薯，有的学生吃黑窝窝头，有的吃"花里卷"，有的吃白面馒头，有的吃面条，有的喝稀粥，五花八门；有的长年只吃家里带来的咸菜，从不买食堂炒的菜，有的常年根本不吃菜；还有少数学生，家里带来的吃的东西不足，需要同学接济；极少数的学生，偶尔会饿一顿，也有的会到周边庄稼地里扒个红薯生吃。可想而知，这里面的酸甜苦辣，只有学生们自己知道它的滋味！学校收的学杂费、书费、油印页子费等都是正常收费，但对当时的很多学生来讲，真的是勉为其难。上高中的时候，同学们对我放学就回家吃饭，吃完饭很快又回来了，投以羡慕的目光，我当时不以为意。过了很多年后我才明白其中的缘由。还有，只有家住城里且离学校比较近的同学，才不住校。其他绝大多数学生住学校学生宿舍，特别是男生，住大通铺，大家的作息时间、生活习性、卫生习惯不同，虽然有老师严格管理，但免不了相互之间产生影响。我非常幸运，上初中、高中，没有这些烦恼和煎熬！真心感谢姐夫、姐姐！感谢他们为我上学付出的所有！

中学友谊地久天长。中学阶段，老师和同学之间的友谊是真心实意的，情感如同家长与孩子。每一位老师都是真心希望学生能够好好学习，将来能考上大学，改变自己的命运，成为国家的栋梁之材；老师对待学生都十分严格，决不放任不管，且是有求必应。我记得上初中二年级的时候，有一天下午，全体学生参加义务劳动，每个人都拿着劳动工具，平场地、铲垃圾、种树。下午4点半左右，我拿着铁锹返回教室的路上，想起一道几何题不会做，就站在路边的树荫下，用铁锹在地上画着图，想研究一下，看能不能做出来。这时，教我们班数学的佟老师手里端着个大饭碗走了过来，问我："干什么呢？"我告诉她后，她立即蹲在地上，帮我一起研究这道题，可是也没有做出来。她马上说："走，我带你找个人肯定能做出来。"我特别高兴，跟着她，好像是去了高中部数学教研室，她请那位教高中几何的数学老师帮我解题，那位老师不假思索地画了辅助线，一下子就做出来了。我既佩服，又感动，至今记忆犹新。这种事情，太多了。老师们就是这样，不管何时、何地，不管什么情况下，只要学生问问题，都是有求必应，耐心细致，不厌其烦，想方设法解疑释惑。学习上如此，平时生活上、管理上也是这样。记得有一次，一位同学突然生病，而且比较重，50多岁的身躯瘦小的班主任和几位学生一起把这位学生送到医院，半夜治疗完才回到学校，听说班主任还垫了治病的钱。回来后，他说还要改作业，第二天还要上课。学校的老师就是这样，对学生的关爱、对教育的奉献表现在每时每刻。有时候，学生违反纪律，或者同学之间发生矛盾，或者有的学生学习成绩下滑了，老师很着急，批评教育之余，恨铁不成钢的情感与急切的心情，真是胜过亲人。每当同学们考上大学，学生自己高兴，家里人高兴，老师也真心高兴！与此同时，老师们也会有一丝失落感挂在脸上，那是因为同学们要离开学校、离开他们了，他们有点不舍。当然，同学们对老师的回报是不言而喻的。上了大学，每当放假回家，一定约好了，三五成群去看望老师。每当这时，老师看到桃李满天下，内心的喜悦溢于言表！

中学阶段，同学与同学之间的友谊是懵懂纯洁的，情感如同兄弟姐妹。记得刚上高一的时候，我们班男同学特别喜欢玩，课间休息或课外活动时间，"叨鸡"（即斗鸡游戏）成风，引得其他几个班上的男生也加入其中，有时把裤脚都扯烂了，偶尔也有受轻伤的。女生主要是踢毽子。后来，老师对大家进行了劝导批评，告诫大家，不要太贪玩，要把主要精力放在学习上。我的姐夫也对我进行了严厉的批评。很快大家不再那么疯狂地玩了。上中学时，男生与女生基本上是不讲话的，但如果哪位同学遇到什么事了，不管是男生还是女生，大家都会主动伸出援助之手；如果学习中遇到什么问题，男生和男生、女生和女生之间相互请教、相互切磋，是经常的事；男女生之间，因为基本上不讲话，相互之间很少讨论学习上的问题，只有个别女生主动向男生问问题，很少有男生主动向女生请教问题的；有时男女生座位相近，男生学习又好，女生经常向男生问问题，同学们就会私下里胡说八道，甚至有调皮的男生，趁着两位前后桌的男女同学正在研究问题，用手把两人的头往中间一推，来个头碰头，然后大家哈哈一笑。

高中生活，学习十分紧张，根本没有时间考虑男女恋爱方面的事，大家之间的情感是非常懵懂纯洁的。男生和男生、女生和女生之间就不一样了,大家生活、学习相互交流比较多,特别是几个玩得来的,可以说天天在一起摸爬滚打,真是情同手足。不过,也确实有个别男女生暗地里谈恋爱。这种情况一旦被老师、同学,特别是家长知道了,就成了不小的问题。老师会说明利害,批评、劝导;同学一般是事不关己,高高挂起,偶尔也有劝导几句的;但家长知道了,那可是大事了,家长担心恋爱影响孩子的学习和前程,不仅会严令不能谈,采取各种措施阻止,而且会始终把此事放在心上、挂在嘴上,见了学生就唠叨,私下里也放不下此事,一天到晚地说教。越是这样,往往越适得其反。一旦两人真的谈恋爱了,那一定是斩不断、理还乱,不管家长、老师、同学怎么劝,都无济于事。结果是双双学习成绩显著下降,而且往往女生的学习成绩下降得更多、更快,影响更大,最终真的毁了前程。就有这样的学生,一开始学习都很不错,后来两个人都没有考上大学。更有一位男生,因为谈恋爱承受各方面的压力过大,竟然精神错乱,休学了,后来退学了。现在看来,如果发现有男女生谈恋爱,只做一些提醒、劝导,不要做太多的强行干涉,也许对当事人的学习不会造成那么大的影响。上高中的时候,有一位女同学,主动找到我的家人,向我的家人提出要做我的女朋友。但我一点都不知道,我的家人也从来没有告诉我。在我上大学二三年级的时候,有一年放假回家,偶然的机会,父母才告诉我这事。他们说:"怕影响你学习,所以当时没敢告诉你。"并且说,他们当时就回绝了这位女同学,告诉她还不到谈恋爱的时候,让她也好好学习,先不要考虑这事。我觉得我的父母处理得很明智。高中毕业后,大家上了大学,见面很少了,但同学之间的友谊更加珍贵了，不分男生女生，大家都会相互联系；不管到哪里，一旦有机会，大家都会想方设法把能找到的同学都叫上，见个面，吃个饭，叙叙旧，情感真如兄弟姐妹一般。

中学阶段，艰苦奋斗的日子令人难忘。但大家都有一个共同的目标——考大学。绝大多数的家长，一心想让自己的孩子考上大学，能有个工作，有一个铁饭碗。特别是家庭生活条件差的家长，对学生的要求不高，只要能考个学，有个学校上即可。我的姐姐就曾经对我说："你将来能考个卫校就行！"我深不以为然。我1981年高中毕业，考取了工程兵工程学院（现为中国人民解放军陆军工程大学），是提前录取的重点大学，五年制本科，入学即入伍。老师高兴，家人高兴，我也很高兴。我还感到自己特别幸运，因为能上军校就意味着衣食住行所有的一切均不用自己负担，每个月还发津贴费；大家不论家庭条件好坏，在学校吃的、穿的、用的，都完全一样，没有任何差别。试想，如果到地方高校上学，凭我当时的家庭条件，真不知道又要面临多少的困难和压力！总之，改革开放以来，国家恢复高考，有多少莘莘学子，通过自己的努力，上了大学，改变了自己的命运，有的还成长为国家的栋梁之材。

（三）

我们邓县一中的5位同学能够报考工程兵工程学院实属巧合。因为，此前军校都是直接从部队招生，1981年军校进行招生改革，才确定从地方高中应届毕业生中招录一部分新生。工程兵工程学院负责在河南招生的领导，曾参加过解放邓县作战，对邓县有特殊感情，所以他把在河南招生的名额给邓县分了5个，在当年高考成绩还没有对外公布时，他们就通过河南省高招办，根据高考成绩，初步确定了邓县一中的5位学生。等到高考成绩正式公布，学生们开始填报大学志愿时，他们又专门来到邓县一中，与学生见面，还进行家访。

我清楚记得，那天我到邓县一中，准备找班主任吴华印老师商量填报志愿的事，快到班主任老师家门口时，有同学告诉我说："你不用填报志愿了，军校已经把你定了。"我半信半疑，走到吴老师家里。吴老师告诉我："确实是军校招生选了你。"当时，我也不太清楚上军校好不好，没想太多，只有一个担心：我的条件能不能被军校录取？后来，吴老师告诉我说："应该问题不大。"就这样，我填报了军校志愿。大约是1981年7月初，邓县一中报考工程兵工程学院的5位同学，在老师的带领下，从邓县乘火车来到洛阳，进行体检。这是我第一次离开邓县出远门，还好是集体行动，没有什么顾虑。后来，邓县一中公布了第一批录取学生名单，我在其中。1981年8月底，我们5位被工程兵工程学院录取的邓县一中的同学，乘火车经洛阳中转车到南京。当时，工程兵工程学院在南京火车站设立了新生接站点。我们乘坐军校的大巴来到学校。来到学校后，即开始办理报到手续，领取军装、军被、床单、褥子、袜子、军用球鞋、军用棉靴、军用雨鞋、洗脸盆、毛巾、刷牙缸、军用挎包、军用水壶等物品；然后，根据报考专业，大家来到各自的学员队宿舍楼。我正式成为军校学员，住进了学员宿舍，开始了5年的军校学员学习生活。

军校的学习生活紧张而有序。我记得很清楚，我们的军校生活首先是从建立组织开始的。第一周主要是建立区队、班组织，开展政治理论学习和思想教育，开展《中国人民解放军内务条令》《中国人民解放军纪律条令》《中国人民解放军队列条令》的学习。人们习惯把它们称为三大条令或"共同条令"。学校举行了新生开学典礼，各系、学员队层层组织动员，强调各项纪律规定，要求军校大学生要尽快适应新环境，尽快完成个人角色的两个转变，即从老百姓到军人的转变，从地方高中生到军校大学生的转变。早上起床号一响，军校要求大家必须在3分钟之内穿好衣服并集合完毕，开始出早操；一日三餐要集合站队，前往学员食堂就餐；上午、下午的正课均要集合站队，前往上课地点上课，下课也要集合站队，前往食堂或宿舍；晚上有集体活动也必须集合站队，集体前往。开学一周后，正式进入队列和军事训练阶段。我们每天都要训练十多个小时，这对于从地方高中新入学入伍的学生来讲，真的是一场考验。

9月份的南京，白天天气仍然十分炎热，大家都汗流浃背；有不少学生受不了高强度的训练，思想上产生后悔情绪，有个别体质差的学生晕倒在训练场上。但是，经过三个月艰苦的训练，大家不仅都通过了考核，顺利地实现了"两个转变"，而且每个人的身上都增添了军人的气质，每个人的体质得到了极大提升。这两个转变，对我一生的工作和生活都产生了极为重要的积极影响。我记得，训练结束前有一项全负荷5公里野营拉练，有不少人的双脚都磨出了大大的血泡，但大家都坚持下来了；有时，半夜，大家都睡得正香，突然紧急集合哨子吹响，大家必须要在不开灯的条件下，3分钟之内，穿好衣服下楼，整队、报数、集合完毕，跑步出发；大学有好几个大门，白天警卫连的战士站岗，晚上由学员轮班站岗，带班人员到点将其叫起床，然后带着到大门口去换岗，有时有的学员睡得太沉，怎么都叫不醒，真是难为带班员；站岗期间，还有查岗的，如果站岗学员被发现睡着了，那是要受到严厉的批评的，甚至要做检查，情况严重的要受处分。

军事训练期间，学校对新入学的学员做了一次身体复查，我们区队有一位学员因心脏早搏，身体不合格，军事训练结束后就被退学了。这位同学离开学校前的一段时间，领导让我一天到晚陪着他，不管是去邮局打电话、发电报，还是去南京市的名胜古迹和游览点玩，我都全程陪着，并帮助做一些思想工作，我们结下了很深的友谊。该同学回到地方后，又参加了高中复读班，1982年考上了西安交大，也是重点大学。

队列训练和军事训练结束后，正式转入文化课的学习。大学一二年级主要是学习大学基础课程，三四年级主要学习专业基础课和专业课程，五年级主要学习专业课、实习、撰写毕业论文及答辩。学习对于我们这些从地方高中来的学员来说，要比从部队招来的学员容易一些，因为我们基础相对好一些。我们这些从地方来的学员，英语课基本上都编在A班，而从部队招收的学员基本上都编在B班；数学课程也分了班次。但从部队招收来的学员，熟悉了解部队生活，作风纪律、军人素质刚开始要比地方来的学员过硬，地方招收来的学员需要"两个转变"来达到。总之，各有优势。虽然我们这些从地方来的学员，都是经过高考择优录取的，但单科学习成绩参差不齐。有一位上海籍同学，英语基础和口语特别好，刚上大学就能用英语与老师对话，当时正是改革开放初期,他属于专业人才;大三的时候,他被学校保送到上海复旦大学外语专业学习,毕业后回到我们学校做外语教员。

我记得还有一位河南籍学员,虽然他也是从地方高中考取的,但英语基础比较差,学习压力很大。他买了收音机,一天到晚听英语,后来泡图书馆,看各种各样的英文原版书籍,一天到晚学习英语,最后,不仅英语学得特别好,而且其他课程的学习成绩也很好。也许正是因为学习太过用功,用脑过度,大学三年级的时候,他患上了精神分裂症。我记得很清楚,当时我是班长,那一天吃过晚饭,他要和我一起出去散步,我俩一边走一边聊天,突然他对我讲:"×××的眼睛怎么样?"因为我上大二的时候眼睛近视了,开始佩戴眼镜,他说的那位同学的视力很好,我说:"挺好的。"他说:"把他的眼睛给你,怎么样?"我吓了一跳,不知何意。我说:"他的眼睛怎么能给我呢?"他突然重重地打了我一下,飞奔回宿舍去了。等我也回到宿舍的时候,同学们告诉我,他跑回宿舍就倒在地上不能动了,救护车已经把他拉到门诊部去了。当时大家都还不知道他患有精神分裂症。在门诊部住了一段时间后,他回来上课了。此后的一段时间,他断断续续地发病。发病的时候,他总是讲一些让人感到不可思议的话,有时候会莫名其妙地哭起来,有时候会不明方向地走丢。有一次周末开班务会,他突然哭了起来,我看他情绪很不稳定,就对班里同学说:"我陪他出去走走,今天的班务会不开了。"可当我刚陪着他走到宿舍楼外时,他突然笑着对我说:"我哭是装的,骗他们的,我就是不想开班务会。"搞得我哭笑不得。当晚他又发病了,又住进了门诊部。因为他发病时有点狂躁,到处乱跑,后来,每当他住进门诊部,就派两位同学陪住,看着他,防止他乱跑。有一天上午,我们班刚上完课,门诊部来电话,说他又跑了,我们发动全班同学在校园里找,后来他自己跑到马路上,被学员队的领导发现了,他身上穿的军用棉袄棉裤都湿透了,他说:"不知道怎么回事,我掉进池塘里了,特别冷,我自己又爬上来了。"再后来,学校把他送进医院治疗。从医院回到学校上课后,学校考虑到他耽误的课程比较多,便让他降了一级。他的病不断复发,而且一次比一次重,身体状况根本不能胜任部队生活,最后学校决定让他退学。学校主动联系了地方,协调他在当地教书。这是我身边的战友,也是老乡,他很聪明,但却有此不测之疾,同学们都很惋惜。

大学四年级放暑假,我们班几位同学提出,利用假期到部队实习锻炼,学员队领导很支持,就帮助联系了一支部队,我们四五个人分别被分配到这支部队的不同连队。营长是参加过1979年对越自卫反击战的英雄,他曾经在一次大会上,给我们讲了他在自卫反击作战中的英雄事迹,非常感人,也非常震撼。实习期间,部队组织过一次军民共建,地方一个中学的学生,来参观部队组织的武装泅渡。平时,训练、种菜、打扫卫生、体育比赛、拉歌、学习、开会等,在基层连队的锻炼生活,真的是紧张而有序、艰苦而快乐的。

暑假结束后,我们班的一位年龄最小的同学,住进了部队医院,他被查出患肝癌且已经是晚期,大家都去看他,但都不敢告诉他实情。他是独生子女,他的爸爸妈妈是大学教授,家庭条件很好,他的妈妈专程来到医院陪他,但对他讲是出差路过,顺便来看看他。没有多久,他就病逝了。我们班同学都很痛心,为他举办了十分庄重的告别仪式，还把他的一些骨灰埋在我们专业教学楼前的松树下。就这样，等到我们大学毕业的时候，我们班有4人没出现在毕业照中：保送上学1人、退学2人、病逝1人。

军校生活丰富多彩。部队是一所大学校，军校是部队这所大学校中的学校。除兼有部队和地方大学的共性特点外，军校各学校又有独有的特点。经过5年的军校学习，学员普遍政治意识很强，纪律意识很强，作风过硬，专业过硬；除以上这些综合素质和业务能力外，大家还学会了开车、游泳、摄影、整理内务、拖地、打扫卫生、冲洗厕所、站姿、坐姿、蹲姿、跑步、走路、植树、种地、施肥、收割稻子……对于每一位学员，这些都受用终身。5年的军校生活，大家同吃、同住、同学习、同训练、同劳动，相互关心、相互帮助，结下了深厚友谊。记得有一天晚上，天下大雨，为了锻炼意志力和吃苦耐劳精神，我提议冒着大雨出去跑步，一下子就有六七个同学响应，我们沿着公路跑了差不多10公里，回到宿舍大家都像"落汤鸡"，但大家都兴奋不已，这成为终身的记忆；有一个周末，天不亮大家就起床，从学校北门出发，跑步到中山岭，一起爬山，登上山顶参观紫金山天文台，对我国古代发明的天文仪器赞叹不已，留下了终身的记忆；还有一个周末，大家来到南京明孝陵梅花山上游玩，还带着红外眼镜让游客观赏，宣传普及科技知识，游客倍感新奇；还有一个周末，大家来到南京雨花台革命烈士陵园，参观、种树、打扫卫生；还有一次，大家按照事先发的图纸和指南针，在山林中寻找一个又一个预设的地标物，看哪一组用时最短；还有一次，为了确保大家都能顺利通过期末考试，全班同学分科分段复习，而后相互交流讲解，成为相互帮助的典范……1985年2月，我光荣加入了中国共产党。1986年7月，我们从军校毕业，获得了工学学士学位，当时有的同学留校，有的被分配到其他军校，有的被分配到部队，有的被分配到科研单位，有的被分配到工程设计单位，我被分配到北京某部研究所工作，虽然大家奔赴不同的工作单位和工作岗位，但大家兄弟般的战友情、同学情终生难忘。

（四）

1986年7月31日，我乘火车从南京来到北京，住进某部招待所。8月1日早上，我乘坐该部队机关班车来到研究所机关所在地。我把学校开具的介绍信交给了研究所政治部一位干事，过了一会儿，他对我说："我们单位今年没有进人计划，你走吧！"我说："学校把我分配过来的，介绍信也是这么开的，你让我到哪里去？"他一直催我走，但我坚持不走。僵持了一会儿，他看我的态度很坚决，就到一个领导那里汇报去了。过了一会儿，一位很精干的女领导和干事一起走过来，简单问了我一些情况，然后她让我等一下。过了一会儿，她过来对我说："我们请示上级政治部门了，用人计划是他们报的，他们让你到另一个单位去报到，你去吧。"我说："学校给我谈话的时候，告诉我是到这个研究所报到，否则，我就不一定选择来北京了。"我明确表示，我不去那个单位报到。又过了一会儿，那位女领导带着一位年龄较大的领导同志跟我谈了谈，又问了一些情况，他们就离开了。不一会儿，那位女领导很高兴地过来告诉我："小王，你就留下来吧！"我非常高兴！当天中午，正好是八一建军节，研究所机关食堂会餐。

我坐在这位女领导的旁边,她非常热情,给我夹菜,让我多吃点,我心里感到非常温暖。

该研究所当时组建时间不长,还没有固定的办公用房,各相关处室还处于分散办公的状态,所以吃过午饭后,研究所派车送我到我所在的研究室正式报到。后来,我才知道,这位非常精干、气质不凡的女领导,是时任该研究所政治部副主任杨东华同志,她工作能力很强,对待工作认真负责,一丝不苟,对人态度和蔼,非常平易近人;那位年长一点的领导是时任该研究所副所长董青山同志。我报到的那一天,该研究所所长张元庆同志和政治部主任杨运广同志有事不在研究所机关。杨东华同志发现我这个年轻同志比较优秀,通过积极的沟通、协调,把我留在了该研究所工作。后来,杨东华同志几次在公开场合对我讲:"你是我们捡来的。"杨东华同志是我走向工作岗位后遇到的第一位贵人,我对她的感激之情、感谢之意常在心中,终生难忘!我对研究所的领导心存感激!

科研工作有它自身的特点和规律。一般是在发现问题后,经过分析找到可能解决问题的方案,然后进行调查研究、实验、分析等,形成科研成果。科学研究通常分为基础研究、应用研究、开发研究三种类型。我主要从事应用问题研究。科学研究的基本任务是探索、认识未知和创新,是通过不断探索,把未知变为已知,把知之较少变为知之较多的过程;科学研究要把原来没有的东西创造出来,没有创造性就不能称为科学研究;科学研究是在前人研究成果的基础上的再创造,是在继承中实现的;科学研究是一项长期性的活动,必须连续不断地进行。科研工作的这些特点，决定了每一个从事科学研究工作的人，都要大量查阅资料，掌握事物的来龙去脉、发展状况及趋势，而后才能提出解决问题的方案，并依据一定的条件，推动研究论证、实验验证，最后形成成果。正是在这一特点规律的引领下，我一入职，就开始大量地查阅资料。当时，我经常骑自行车去借阅图书资料；经常出差到外地调研，参加研讨会、年会；经常到军地相关科研单位或下部队调研。有一年，我还被资料室评为年度"读书之星"。大量的读书学习和调研，为撰写论文、参加课题研究和参加部队机关相关活动奠定了良好基础。1989年我被评为助理工程师，1991年被评为工程师。学习工作过程中，我深感自己掌握的知识仍然不够，我开始利用工作日的晚上、周末时间旁听中国人民大学的一些课程，经常到中国人民大学图书馆借阅图书资料。有一段时间，几乎每周都去国防大学图书馆借阅图书资料。这期间，从军兵种知识，到武器装备战术技术性能，到战役战术指挥，到军事战略，到国防建设，到古今中外的经典著作如《论法的精神》《天演论》《君王论》《战争论》《存在与时间》《物种起源》……我感到自己有一个追踪学习的过程，一边读书学习，一边做了大量的读书笔记。后来，我发现，越学越觉得自己的知识水平不够。有一次，杨东华同志对我说："小王，你还是考国防大学研究生吧，去读书深造一下，对你将来的工作有好处。如果你想报考的话，我可以帮你联系报名。"国防大学是中国最高军事学府，所有年轻军官都心向往之。杨东华同志的这几句话，如拨云见日，使我豁然开朗，让我明确了新的奋斗目标和方向。1990年12月我报名参加了考试，我很幸运，第一次参加考试就通过了，考取了国防大学战略学专业研究生。

国防大学的学习生活令我终生难忘。1991年8月月底我正式到国防大学报到，9月1日正式开学。时任国防大学校长兼政委张震同志和中国人民解放军各总部的领导出席了隆重的开学典礼。国防大学师资力量雄厚，教学、科研和生活设施齐备；图书馆、现代化的电化教学设备、《国防大学学报》及其下属出版社等教学科研条件优越。我们研究生学员都有一种优越感，很珍惜学习机会。1992年，张震校长兼政委升任中央军委副主席。张震校长兼政委德高望重，在部队享有很高的威望；他在离开国防大学的时候，还与我们研究生院的干部学员合影留念，我们感到非常自豪和温暖。

有一天晚上，我正在研究生宿舍楼看书学习，突然肚子剧烈疼痛，根本无法忍受，同学们都吓坏了，很快学员队派了车，同学郑汉军同志把我背到车上，把我送到中国人民解放军301医院（现中国人民解放军总医院），经急诊医生诊断，是肾结石，医生给我打了"6542"针，不大工夫，疼痛就完全消失了，医生还给我开了"6542"药片，让我疼痛的时候吃1到2片，解痉了就好了，并告诉我平时多喝水、多活动。我非常感谢学员队和同学们的帮助，使我得到了及时救治。此后一段时间，间隔一两个月，肾结石病就犯一次，让我吃尽了疼痛之苦。每次我都通过吃"6542"药片解痉。记得有一次，国防大学一个系的学员到外地考察调研和现场教学，我们有几位研究生学员随队考察学习，计划凌晨四五点起床，乘学校的大巴去机场，乘飞机前往目的地。这是我人生中第一次乘飞机，心情很激动，可就在当晚10点左右，肾结石病犯了，我马上吃了2片药，前几次吃过药后，40分钟左右就解痉了，但这次一直到半夜12点，疼痛感还没有缓解，为了不影响第二天出行，我又加吃了1片药，但凌晨1点多了，仍然没有缓解，我又加吃了2片药，大概到凌晨3点，才解除了疼痛，恢复了正常。现在想来，那一夜肾结石把我折腾惨了，但我没有告诉任何人。1994年2月，我研究生毕业，获得军事学硕士学位，回到原部队机关工作。这里特别感谢我的导师范震江教授，他不仅学术造诣深，学风严谨，而且为人中道正派，堪称典范。他不仅是我专业学习的指导老师，更是我做人做事的楷模。他对我们的学习生活关怀备至，经常与我们谈学术、谈人生，为我们解疑释惑指方向。

1994年4月24日，我结婚了，有了自己的家庭。我的爱人洪小茜，籍贯是江苏盐城，她从小在北京长大，时任第二炮兵（现中国人民解放军火箭军）某部队医师，后来升任第二炮兵总医院（现中国人民解放军火箭军总医院）副主任医师、内科副主任。我的岳父时任某部队副政治委员，后来升任第二炮兵政治部副主任、军事科学院政治部主任。1995年5月27日，我们有了女儿。女儿先后在中国人民大学附属幼儿园、附小、附中初中、附中高中上学读书；高中毕业后，申请到澳大利亚国立大学攻读金融学本科，获金融学学士学位；本科毕业后，申请到美国约翰·霍普金斯大学攻读金融学研究生，2017年8月研究生毕业，获金融学硕士；回国后，在一家国有金融机构工作。

在部队机关工作期间，我的工作非常繁忙，经常加班加点，很晚才能回家；有时集中在一个地方，研究问题，撰写材料，好多天不能回家。十几年来，真是不怕苦、不怕累，甘于奉献，牺牲自我。我的政治素质、业务能力、工作作风也得到极大的锻炼和提升。在首长和领导同志们的关心、支持和帮助下，我也从正营到副团、正团、处长，不断成长进步，先后荣立二等功1次，三等功2次，嘉奖多次；获得科研成果奖很多项。2007年10月，我从部队转业来到中国法学会工作，开启了新的人生旅程。我在部队工作的岁月，风餐露宿，披星戴月，庙算推演、运筹帷幄……日日夜夜、点点滴滴，早已铭刻于心，化为我的灵魂！转业十几年来，经常梦到自己在军营、坑道或指挥所里忙碌、穿梭，人虽然离开了部队，但心却永远依依不舍！

（五）

2007年十一国庆节过后，我正式到中国法学会报到上班，任办公室宣传处处长。在这里特别感谢时任法学会党组书记刘飏同志和党组全体同志，是他们接纳了我，使我顺利实现了二次就业，开启了人生新的旅程。

法学会是人生大舞台。当时，宣传处主要承担4项具体工作任务：一是宣传中国法学会工作；二是普法宣传，负责具体筹划组织"百名法学家百场报告会"法治宣讲活动（以下简称"双百"活动）和"爱祖国、学法律、创和谐"青少年大型普法系列活动（以下简称青少年大型普法系列活动）；三是编辑《中国法学会》会刊；四是负责协助会领导具体落实法学会对所属媒体的管理工作。宣传处人员少，工作任务很重，大家经常加班加点，与"双百"活动相关的《法治百家谈》和《中国法学会》会刊，都是宣传处同志们利用业余时间编辑的。记得有一次,为了起草"全国法学会系统宣传信息工作培训班"开班仪式上的讲话材料,全处同志周末加班到凌晨3点半,而后一大早又赶赴会场筹备会务工作。由于工作成绩突出,2008年至2010年,连续3年年终考核我被评为"优秀",并立三等功1次;2009年,我被评为全国"五五"普法中期先进个人,得到中宣部、司法部和全国普法办联合表彰;2012年5月,我被提拔为中国法学会办公室副主任兼宣传处处长。在此工作期间,为了更好地适应法学会工作,我于2008年3月至2009年10月参加了中国政法大学宪法与行政法学博士班学习;2013年9月,我跟随海峡两岸法学交流代表团去中国台湾地区参观访问,当我在台北机场走下飞机悬梯的那一刻,内心非常高兴,站在祖国的宝岛上,我有一种极为强烈的亲切感。在金门岛,我们看到1949年10月解放军进攻金门,上岛解放军官兵战斗到最后的指挥所——一处当地普通民居(普通砖瓦房)四合院。为此,我写了一篇《"无羞恶之心,非人也"与军人的血性》(见本书第二篇)。2014年6月24日至7月1日,我随同中国法学会访问团,出访了奥地利和匈牙利。出访公务工作很顺利,有两件小事使我印象深刻。一是在维也纳大街上,我亲眼看到,光天化日之下我们一位随行团员的旅行包被小偷从马路上提起抢跑了,当时这位团员正站在马路边上打电话,他发现后拼命去追,竟没有追上。这位团员的护照和钱包都在这个包中,害得这位团员因补办手续而推迟了两天回国,这件事虽然是个意外,但使我对西方发达国家的社会状况有了新的认识。二是在匈牙利的一个小镇,吃过晚饭后,我们散步到一个小餐馆吃冰激凌,2欧元5个球,一大盘，根本吃不完，我们感到很便宜；马路边上长着一排紫叶梨树，很美，真让人流连，更神奇的是，我在出访结束回到北京后，发现我家楼下也刚刚栽种了一排紫叶梨树，心里很是惬意。

在法学会工作期间，我亲历了两件刻骨铭心的事。一件是2012年6月29日，我作为"双百"活动调研组成员在新疆调研期间，在和田飞往乌鲁木齐的航班上遭遇了劫机事件，我积极参加反劫机，被新疆维吾尔自治区党委、政府授予"'6·29'反劫机勇士"荣誉称号，并荣立二等功，本书《"6·29"反劫机亲历记和意外收获》一文进行了详细记述。另一件是2013年11月28日，正值筹备中国法学会第七次全国会员代表大会期间，第二天上午大会正式开幕。晚上8点钟左右，一位与会领导秘书告诉我，当晚一份重要的会议材料定稿后，需要送印刷厂印50份，第二天早上要摆放到开幕式主席台上，责任重大。我立即把此事向负责联系材料印刷的同志作了布置交代。晚上10点钟左右，负责印刷的同志没有拿到要印刷的材料，而印刷厂的人声称要下班了，等我再联系的时候，负责印刷的同志说她不知道怎么回事，而且印刷厂的人已经下班了，我又联系了好几个人，无一人知道材料印刷的事，也都不知道问哪里去，一直到晚上12点左右，仍然没有任何准确的信息。这时，我突然感觉泰山压顶一般，担心第二天早上材料摆不到主席台上，造成恶劣影响。当时真有骨头被碾碎之感，那个瞬间我几乎要瘫倒在地。后来，费了很大周折才终于找到相关人员，这时已经是凌晨1点钟了，当我把他从睡梦中叫醒，他告诉我，他忘了告诉我了，材料不用我们印了。我一下子如释重负，真的是欲哭无泪。现在回想起来，这是我一生中心理压力最大的一次。

两年开州人，一生开州情。2016年1月，我作为中国法学会首位扶贫挂职干部，赴重庆开州区（当时为开县）扶贫挂职工作。临行前，在向中国法学会会长王乐泉同志请示辞行时，王乐泉同志对我讲："小王，去重庆挂职，你记着不要把自己当客人。"我始终牢记会长的话，始终以主人翁精神干工作。我刚去时，挂职任重庆开县县委委员、常委、副书记。开县撤县升区后，我任重庆开州区区委委员、常委，开州区人民政府副区长、党组成员。能够直接参与到党中央、国务院确定的"脱贫攻坚战"中来，是我一生的荣幸。作为一个农民的儿子，我倍加珍惜，因为农民脱贫、农村改变面貌，是我儿时的梦想！

挂职工作期间，我先后到全区40个镇乡街道，走村串户调研扶贫工作，了解贫困村、贫困户之所以贫困的原因，帮助镇乡街道在特色产业扶贫、就业扶贫、搬迁扶贫、乡村旅游扶贫、教育扶贫、金融扶贫、社保扶贫、动态扶贫、城乡统筹发展、一二三产业融合发展等方面，提思路、出主意、想办法，积极协调区相关部门解决群众脱贫致富的困难和问题，协调落实脱贫攻坚项目资金，项目包括人饮工程、硬化路；还积极帮助协调、推动落实跳蹬水库重大项目、渝西高铁过境开州等，取得了显著成效。工作之余，我撰写了《限时打赢脱贫攻坚战的理论与实践——学习习近平总书记关于扶贫开发重要论述的体会》的论文，参加国务院扶贫办2016年度"学习贯彻习近平总书记扶贫开发战略思想研讨会"主题征文活动，经国务院扶贫办组织的评审专家组初审、复审，该论文被评为优秀论文。我连续两年被重庆市评为优秀挂职干部。挂职工作期间，我始终保持良好的精神状态和优良的工作作风，心甘情愿、无私奉献，脚踏实地、认真负责，敢于担当、积极作为，始终坚持以人民为中心的发展理念，经常深入基层、深入群众进行调查研究，自觉把人民群众最关心、最直接、最现实的利益问题放在首位，扎实践行群众路线，认真倾听基层干部群众的诉求和心声，自觉为群众着想、为群众干事、为群众服务。2017年夏天一个周末的晚上，我值班，天下暴雨，重庆市下达紧急防汛通知，我立即让应急值班室向各乡镇街道传达通知精神并提出防汛的具体要求，严防山洪、泥石流等自然灾害造成人民群众生命财产损失；因暴雨持续时间长，防洪河道水位持续上涨，超过警戒水位线，我立即让应急值班室通知沿河两岸镇、乡、村干部上堤巡查，并做好抢险救灾准备；凌晨3点多，雨势减小，水位开始慢慢回落。那一夜，我几乎没有合眼。还有一次，也是周末值班，那天早上，一位村民出行，发现对面山谷中的一户村民的房子不见了，他立即向村里报告，村领导到现场发现，这户村民的房子竟然被山顶滚落下的一块巨石彻底摧毁，落入谷底，一对70多岁的村民夫妇被砸死。当区应急值班室向我报告后，我立即让应急值班室通知公安、交通、民政、信访、人力社保、水务、扶贫办等相关部门赶赴现场，当我到达现场时，看到镇村两级干部正在组织把死者的遗体抬向村委会。我内心十分悲痛，在征求现场几位区领导同志的意见后，在现场召开了区、镇、村三级处理事故协调会，明确了各级各单位职责任务、分工和要求，确保事故及遇难者后事处理迅速有序展开，为稳定群众情绪，告慰死者家属，在群众中树立党和政府务实为民良好形象，做出了积极努力，得到了干部群众高度赞扬和一致好评。还有很多事，都历历在目，终生难忘。

2017年2月中旬，我体检时发现患上了高血压，5月份又患了耳石症、突发性耳聋，在开州区人民医院住院14天，其间还带病坚持工作，始终没有离开开州，得到区委、区政府主要领导的高度赞扬；2017年国庆长假，由于汉丰湖国际摩托艇公开赛，我一天也没有休息；北京家中爱人、小孩不管是生病还是遇到其他什么困难，我都想办法克服，从未有怨言。我始终坚持在学习中干事、在干事中进步，真磨砺、真锻炼，思想政治素质、基层工作能力和为民情怀不断得到提升。2018年3月，我结束了挂职工作任务，回到法学会。人虽然离开了开州，但开州的山山水水，村村寨寨，一草一木，我都铭记于心。衷心感谢开州广大干部群众对我在开州工作期间的信任、支持与帮助！衷心祝愿开州的明天更加美好！

回到法学会，我作为办公室副主任，分管财务、预算审计、国有资产管理等工作。我于2018年6月10日至30日率访法培训团24人赴法国，就"完善司法责任制"进行专业研修培训，收获颇丰，且有一个意外的收获，就是验证了北京大学季羡林老先生提出的"非常公论"巨大的实践价值和社会价值，我在本书第二篇第十四章《脱贫攻坚第三方评估验收与"非常公论"》中有专门讲述。

2019年9月，中国法学会机关工会换届，我当选第四届中国法学会机关工会主席。换届以后，机关工会认真贯彻落实习近平总书记"让职工群众真正感受到工会是'职工之家'，工会干部是最可信赖的'娘家人'"的重要指示精神,围绕中心、服务大局,落实党建带群建制度机制,加强职工政治引领、维护职工合法权益、完善工会组织建设,开展形式多样的文体活动,组织引领广大职工为法学会事业发展做出积极贡献。2019年,是中华人民共和国成立70周年,在由中宣部、中组部、中央统战部、中央和国家机关工委、中央党史和文献研究院、教育部、人力资源和社会保障部、国务院国资委、中央军委政治工作部联合组织开展的"最美奋斗者"学习宣传活动中,我入选"最美奋斗者"正式候选人(全国共有722名"最美奋斗者"正式候选人)。我深感,能够入围"最美奋斗者"正式候选人,是对我人生旅程最大的肯定和褒奖。

2019年12月,中国法学会党组决定让我兼任机关服务中心副主任(负责人),2020年4月正式任机关服务中心主任。在任上,我始终坚持以人为本,扎实改进学风;建章立制,始终坚持民主集中制;我夙夜在公,勤勉工作,真正做到"正其义而不谋其利,明其道而不计其功"。与此同时,我还担任中国法学会融媒体中心演播室项目建设办公室主任,按照"4K+5G+8K"整体规划和"系统分期可用,设备兼容迭代,少投入多产出"原则,以实现短视频制作、网络直播、访谈录播、专家授课、虚拟演播、视频会议系统应用等核心功能为主要目标,历经考察调研、项目规划、方案研讨、技术论证、公开招标、邀请招标、项目施工等环节,历时1年半,建成了集核心坐播区、辅助站播区、虚拟演播区和导播区为一体,技术先进、设计科学、性能一流、外观时尚的中国法学会融媒体中心演播室,建成了融媒体中心视频会议系统,使用效果很好。以上这些,可算是践行"仁政""有小成"。

2024年,在中国法学会正式决定免去我中国法学会机关服务中心主任、中国法学会办公室副主任和一级巡视员职级,按程序办理退休手续的时候,我心坦然,我心舒然。

忆往昔,六十载风雨兼程。

向前看,心向往之。现在我已经办理退休手续,正式踏上人生新的旅程,期待着以更加淡定与宁静的心志,在茫茫的人生旅程中寻觅并欣赏那更加美丽的风景。

后记

岁月不居，时节如流，六十花甲，忽焉已过。我一直有一个夙愿，那就是能出一本书。大学毕业刚参加工作的时候，就有这样的想法。那时我大量地读书学习，深感学海无涯。曾拟以在部队某研究所所从事的专业写一本书，也作了一些读书笔记，写了一些心得体会。但随着读书所涉内容的不断拓展，以及后来到国防大学读研究生，再后来到某部队机关工作，这个愿望被搁置。但志心未曾有丝毫改变，且日益强烈。2007年，我从部队转业来到地方工作，包括到地方挂职工作，至今已17年了。其间，在工作过程中，我日益被中华优秀传统文化所吸引，也作了大量的读书笔记。中华优秀传统文化方面的资料越看越眼明心亮，仿若发现了"觅母基因"。当我看到国学大师钱穆先生在《国史大纲》扉页上所提的四句话时，欣欣然、始终不会忘怀："凡读本书请先具下列诸信念：一、当信任何一国之国民，尤其是自称知识在水平线以上之国民，对其本国已往历史，应该略有所知。二、所谓对其本国已往历史略有所知者，尤必附随一种对其本国已往历史之温情与敬意。三、所谓对其本国已往历史有一种温情与敬意者，至少不会对其本国历史抱一种偏激的虚无主义。四、当信每一国家必待其国民具备上列诸条件者比较渐多，其国家乃有再向前发展之希望。"正是这种人生理想与情怀，促使我在出版了专著《心如明镜——幸福与快乐十三讲》（中国民主法制出版社，2024年版）

后,又编撰出版这本《学思行杂记:站在人生长河中思考》。

需要特别说明的是,本书编撰过程中,参阅和引用了一些网上资料和其他同人的文章,我们通过多种渠道与有关作者进行了联系,得到了各位作者的大力支持。在此谨向为本书提供资料的作者表示衷心的感谢!但是,由于一些网络文章作者的姓名和地址不详,暂时还无法与他们取得联系,恳请涉及本书内容的作者尽快与我们联系,以便做出妥善处理,在此一并致谢!

本书的出版工作,得到了华文出版社领导和编辑部的大力支持,在此,一并致以衷心的感谢!

王熙元
2024年6月